U0107318

AI绘画大师

Stable Diffusion

快速入门与实战技巧

孟德轩 著

机械工业出版社

CHINA MACHINE PRESS

图书在版编目（CIP）数据

AI 绘画大师：Stable Diffusion 快速入门与实战技巧 / 孟德轩著 . —北京：机械工业
出版社，2023.12

（人工智能技术丛书）

ISBN 978-7-111-73989-0

I. ① A… Ⅱ. ①孟… Ⅲ. ①图像处理软件 Ⅳ. ① TP391.413

中国国家版本馆 CIP 数据核字（2023）第 187415 号

机械工业出版社（北京市百万庄大街 22 号 邮政编码 100037）
策划编辑：孙海亮 责任编辑：孙海亮 杨福川
责任校对：李小宝 周伟伟 责任印制：常天培
北京宝隆世纪印刷有限公司印刷
2024 年 1 月第 1 版第 1 次印刷
170mm×230mm·12.5 印张·236 千字
标准书号：ISBN 978-7-111-73989-0
定价：109.00 元

电话服务 网络服务

客服电话：010-88361066 机 工 官 网：www.cmpbook.com
010-88379833 机 工 官 博：weibo.com/cmp1952
010-68326294 金 书 网：www.golden-book.com
封底无防伪标均为盗版 机工教育服务网：www.cmpedu.com

前　言

为什么要写这本书

随着技术的不断进步，AI绘画逐渐成为当代设计领域的一个重要分支，不仅挑战了传统设计的观念和方式，还为设计师们提供了无限的可能性。

在新的时代背景下，Stable Diffusion作为一种强大的AI绘画工具逐渐崭露头角。它以深度学习为基础，通过神经网络的学习和模拟，实现了对图像的精细绘制和独特表达。这本书对Stable Diffusion的原理和应用进行了详细介绍，展示了它在游戏、电商、插画、建筑等领域中的广泛应用。设计师可以使用该技术生成创意概念，或者在原有设计中加入更加独特的元素；也可以针对产品设计和宣传需求，快速生成大量视觉内容，大大提高工作效率。

总的来说，通过阅读本书，读者可以更深入地了解Stable Diffusion这个工具，掌握它在游戏、电商、插画、建筑等领域中的应用，灵活地表达创意，在实践中打开AI工具应用的大门。

读者对象

- 对设计或者绘画感兴趣，但缺乏基础技巧和经验的人群。
- 对人工智能和机器学习等技术感兴趣的人群。

本书特色

- 本书作者在网络上享有较高声誉，完成了国内第一个关于AI绘画的系统教程，走在国内 AI 绘画商业应用的前沿，主持过多个大型 AI 公益项目。

- 作者在创作本书前在两万余人的大型社群内充分进行了市场调研和信息搜集，确保本书内容能满足初级读者从认识到上手的切实需求。

如何阅读本书

这是一本介绍 Stable Diffusion 基本功能和实战运用的工具书。Stable Diffusion 是一个非常有价值和潜力的工具，通过它，人们可以自由地发挥自己的想象力和创造力，将脑海中的画面变成精美的图像，从而激发更多的创造力和灵感。强大的功能、丰富的创意表达、高效的处理速度、广泛的应用场景和良好的可扩展性，使得它成了一个非常受欢迎的 AI 绘画工具。

本书从基础知识入手，逐步介绍 Stable Diffusion 的各种功能和原理，包括文生图、图生图、图片高清放大、提示词、脚本、ControlNet 插件等。书中也涵盖了各种商业领域的应用案例和技巧，涉及游戏行业、电商行业、插画行业、建筑行业等。通过大量的实例和练习，读者可以掌握 Stable Diffusion 的基本技能和高级技巧，从而更好地利用 AI 技术及工具进行创意表达和艺术创作。

作为一本工具书，本书尽量使用通俗易懂的语言，避免使用大量专业名词，希望读者能从本书开始尝试学习使用 AI 工具，克服对 AI 技术的畏惧心理，拥抱新时代的发展。希望本书能为广大读者打开一扇窗，引导他们利用新兴科技的力量为自己的生活与工作赋能。

勘误和支持

AI 技术的更新速度很快，本书内容如有缺漏，敬请谅解。同时欢迎各位读者为本书勘误或者提出宝贵意见，我的邮箱是 3198877020@qq.com。

本书附赠详细的视频教程，以及常用提示词清单等资料，下载链接为 https://pan.quark.cn/s/710e91a0700e

致谢

本书撰写之初，国内还没有一本关于 AI 绘画工具的教程类图书。怀着普及技术的初心，我开始了本书的写作之旅。其间 AI 技术日新月异，短短几个月间，我们使用的 AI 绘画软件就进行了两次迭代，本书内容也随之进行了重新构思与修改。

在此，我要感谢我的团队成员——杨芳芳、葛瑶、姜志威、钱宝年、宋凯月、李颖超，以及自然光工作室。他们的协作精神和专业知识为本书增添了巨大的价值，没有他们就不会有这本书。

诚挚感谢！

目　录

第 1 章

认识 Stable Diffusion

说到 AI 绘画，就不得不提 Stable Diffusion。Stable Diffusion 是一个图像生成模型，具体来说，是一种基于扩散过程实现的生成模型，它通过在图像中不断扩散噪声来实现图像的逐步生成。通过稳定的扩散过程，该模型能够生成各种类型的高质量图像，包括人物、景观、建筑等。随着 AI 技术的发展，Stable Diffusion 在绘画和设计领域逐渐崭露头角，成为一种能够生成艺术性或创造性图像的 AI 绘画工具，能帮助艺术家和设计师创作出独特的图像作品。

那么 Stable Diffusion 和其他 AI 绘画工具有什么区别？它的独特优势是什么？我们接下来展开讲讲。

1.1 主流 AI 绘画工具

目前，AI 绘画进入了热潮期，市场上涌现出了大量的 AI 绘画工具。对于用户来说，如何在众多工具中进行选择是一个关键问题。

了解每个 AI 绘画工具的特点是非常重要的。例如：Midjourney 注重创意和探索性，能够生成风格独特的艺术作品；Big Sleep 基于图像生成技术，将素描转化为完整的绘画作品；NightCafe 具有丰富的色彩和细节，能模拟不同的创作风格；而 Stable Diffusion 以其稳定性和可控性从众多工具中脱颖而出，能够生成高质量的绘画作品。通过了解各个工具的功能和优势，用户可以根据自身需求来做出工具选型。

相较于 Midjourney，Stable Diffusion 的稳定性和可控性更好，它通过采用先进的算法和网络结构，能够生成更多质量更稳定的图像作品。并且，与其他工具相比，Stable Diffusion 更能够满足用户对于图像生成过程的精细调控需求，使用户能够更好地实现他们的创意。

总之，Stable Diffusion 是一个值得探索的创作工具。在技术方面，Stable Diffusion 还有更多的优势，下面就对此进行详细介绍。

1.2　Stable Diffusion 的独特优势

Stable Diffusion 的优势主要体现在对用户免费开源、可以本地部署、具有高度拓展性和对内容无限制 4 个方面。

1.2.1　开源免费

Stable Diffusion 模型的开源促进了众多 AI 绘画工具的发展，对生态繁荣起到了积极的推动作用。

一方面，通过开源，Stable Diffusion 使更多开发者能够使用和探索其技术，从而催生了许多基于该模型的 AI 绘画工具。开源精神鼓励着创新和协作，使更多人可以参与 AI 创作，创造出更多有趣和多样化的作品。

另一方面，Stable Diffusion 为创作者和开发者们提供了探索各种创意与技术实验的机会，使英文文本生成图像变得日益丰富和多样化。它的开发公司 Stability AI 凭借其开源精神引领了链路下游以英文为主的文生图生态系统的蓬勃发展，为 AI 文生图模型的应用提供了推动力。

1.2.2　本地部署

Stable Diffusion 可以在本地计算机上运行。它可以离线运行且启动方便，设计师几乎可以随时随地出图。而且，Stable Diffusion 的数据可以仅存于本地，这意味着用户的数据不会上传到云端或外部服务器，从而最大限度地保护了用户隐私和数据安全。

对于 Stable Diffusion 的本地部署，以下是最低的计算机配置要求。

（1）系统要求

- 操作系统：最好是 Windows 10 或者 Windows 11。
- 内存：16GB 及以上。
- 显卡：最好使用 NVIDIA 显卡，显存容量最低是 4GB，不支持 GTX 1050 以下型号的显卡。

（2）环境设置

需下载并安装以下依赖项。

- Python 3.10.6
- Git
- VS Code

如果一切顺利，就可以在本地安装 Stable Diffusion 了。

1.2.3　高度拓展性

Stable Diffusion 不仅依赖能实现各种画风的大模型，还拥有丰富的插件和 LoRA 类模型，用户可以随心所欲地选择出图风格并进行精准控制。这为用户的创作提供了更多的可能性和高度的拓展性。

1.2.4　内容无限制

Stable Diffusion 之所以能成为顶尖的 AI 绘图工具，一个主要原因是它具备可训练自定义风格模型的能力。这意味着用户可以根据自己的需求训练出任何风格的模型，并将其应用于内容创作。其内容无限制的特性为用户提供了极大的创作自由度。

1.3　Stable Diffusion 的安装

1.3.1　本地安装

1）首先下载 Stable Diffusion 的安装包，并保存到计算机本地。

2）安装启动器的依赖环境 .NET Core 6.0，如图 1-1 所示，双击运行依赖文件。

图 1-1　安装启动器依赖环境

3）在 "sd-webui 启动器" 的安装目录下找到启动器运行的依赖文件，如图 1-2 所示，双击该文件进行安装。

3）在图 1-3 所示的界面中，单击右下角的 "一键启动" 按钮运行启动器。

4）启动器会在界面中自动运行，稍加等待，直到程序界面正常打开。

5）启动成功，如图 1-4 所示。

名称	修改日期	类型	大小
tmp	2023/3/29 15:28	文件夹	
venv	2023/3/28 13:50	文件夹	
.gitignore	2023/3/28 12:47	GITIGNORE 文件	1 KI
.pylintrc	2023/3/28 12:47	PYLINTRC 文件	1 KI
A启动器.exe	2023/6/18 22:10	应用程序	2,051 KI
A用户协议.txt	2023/3/20 12:30	TXT 文件	2 KI
cache.json	2023/3/30 15:34	JSON 文件	3 KI
CODEOWNERS	2023/3/28 12:47	文件	1 KI
config.json	2023/3/30 19:02	JSON 文件	6 KI

图 1-2　安装启动器

图 1-3　运行启动器

1.3.2　云端安装

当计算机内存达不到安装 Stable Diffusion 的最低要求时，可以在云端进行软件的安装和使用。这里以青椒云提供的云桌面为例。

青椒云是一个一站式云电脑服务提供商，可以为用户提供安全且高性能的云桌面服务。它的安装步骤非常简单。

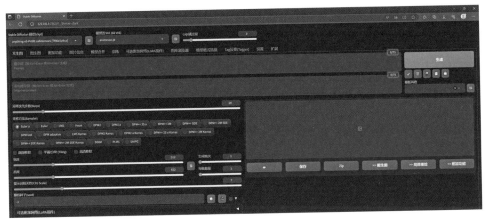

图 1-4　启动成功

1）如图 1-5 所示，提前下载好青椒云客户端，下载地址为 https://www.qingjiaocloud.com/download/。

图 1-5　青椒云客户端下载界面

2）注册账号，登入青椒云界面。

3）单击右上角的"个人中心"选项进行实名认证，如图 1-6 所示。

4）进入青椒云云桌面界面，如图 1-7 所示。此时类别可以随便选，如"华南 4"。

5）单击"新增云桌面"按钮，根据个人情况选择套餐，付费并开机，如图 1-8 所示。

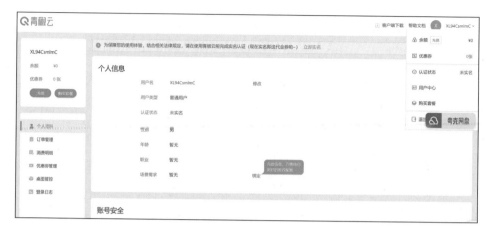

图 1-6　青椒云实名认证

图 1-7　青椒云云桌面

图 1-8　付费新增云桌面

6）启动成功，如图 1-9 所示。

图 1-9　云桌面运行启动器

至此，Stable Diffusion 完成了安装，该过程较为简单。不过在使用该工具之前，还需要先了解一些重要的功能原理，如模型学习、图片生成以及 CLIP 模型原理等，这将在下一章进行介绍。

第 2 章
Stable Diffusion 的基础模型及原理

Stable Diffusion 是一个由文本生成图像的模型，由 Stability AI、CompVis 和 Runway 合作开发，并由 EleutherAI 和 LAION 提供支持，其训练数据来自 LAION 的开源数据。除了 Stable Diffusion，你可能还听说过 Diffusion Model、Latent Diffusion Model、Stable Diffusion WebUI 等说法，它们之间的关系如下。

- Diffusion Model（扩散模型）是实现图片生成的核心模型，除了用于图片生成，还应用于音频、视频、场景等领域。
- Latent Diffusion Model（潜在扩散模型）是 Diffusion Model 的一种变体，通过对图片进行压缩降维，可以减少计算量。
- Stable Diffusion 是基于 Latent Diffusion Model 开发的模型，相比于原始的 Diffusion Model 具有更好的稳定性，在普通 GPU 上也能运行。
- Stable Diffusion WebUI 是基于 Stable Diffusion 开发的应用，它提供便捷的界面和丰富的插件，是最受欢迎的 Stable Diffusion 应用之一。

下面将具体讲述 Stable Diffusion 的基础原理。Stable Diffusion 的图片生成过程主要是基于 CLIP 模型、扩散模型和 VAE 模型实现的。

2.1 三大生成模型

2.1.1 CLIP 模型

CLIP 模型是一种视觉与语言的编码器模型，用于建立图像和文字之间的联系。在 Stable Diffusion 中，CLIP 模型起到辅助图像生成的作用。具体来说，

CLIP 模型的基本原理如下。

　　1）构建编码器：利用 Transformer 编码器分别对图像和文本进行编码，得到它们在共享的语义空间中的表示向量。

　　2）构建分类器：利用经过预训练的线性分类器及 Softmax 函数建立从编码向量到类别或标签的映射，实现对图像和文本的分类或判断。

　　3）联合训练：通过同时输入图像和文本来进行联合训练，使模型能够学习图像和文本之间的语义关系。

　　4）微调阶段：利用少量的标注数据及分类任务进行有监督的微调，加强模型在特定任务上的应用能力。

　　CLIP 模型的核心思想是将图像和文本视为等价的表达并将它们映射到一个共享的语义空间中。这种方法有助于消除通常会出现的跨模态障碍问题，从而让模型更好地处理图像和文本之间的关系，完成图像检索、文本生成、图像描述等多种应用任务。

　　需要注意的是，CLIP 模型需要大量的预训练数据和计算资源来进行训练及优化，因此需要特殊的硬件和专业的 AI 团队的支持。

2.1.2　扩散模型

　　扩散模型主要用于生成图片。它在图片压缩降维后的潜在空间进行操作，输入和输出均为潜在空间中的图像特征，而不是原始图片的像素。扩散模型的工作原理如下。

　　1）给定一张图片，并在该图片上逐步添加高斯噪声，一步步地引入噪声。

　　2）训练一个神经网络，将图片从添加了噪声的状态逐步还原为原始图片，如图 2-1 所示。

图 2-1　还原原始图片

　　为什么要使用逐步添加和去除噪声的方式来生成图片呢？这是因为直接删除像素会导致信息丢失，而逐步添加噪声则可以让模型更好地学习图片特征，同时随机噪声的引入还可以增加生成结果的多样性。并且，逐步进行的节奏有利于控制生成过程，并提高去噪过程的稳定性。

2.1.3　VAE 模型

VAE（Variational AutoEncoder）模型在 Stable Diffusion 中使用解码器将潜在空间中的图像特征重新还原为图片。VAE 模型是一种生成模型，能够学习潜在空间中数据的分布，并通过解码器生成新的样本。在 Stable Diffusion 中，VAE 模型的解码器被用来将压缩后的潜在空间的图像特征还原成原始图片。

总结一下，Stable Diffusion 的图片生成过程如图 2-2 所示。

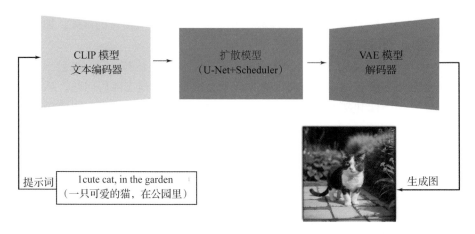

图 2-2　Stable Diffusion 的图片生成过程

上述 3 种模型共同协作，实现了 Stable Diffusion 的由文本生成图像的功能。CLIP 模型负责理解文字描述，指导图像生成过程；扩散模型通过逐步添加和去除噪声的方式生成图片，并控制生成过程，提供稳定性；而 VAE 模型则负责将压缩后的潜在空间中的图像特征解码并还原为原始图片。

2.2　5 类特定模型

在使用 Stable Diffusion 的时候，你可能会发现如果想生成效果更强、更具创意的 AI 绘画作品，那么还需要依靠很多特定模型，主要包括 Checkpoint 大模型、Embedding 模型、Hypernetwork 模型、LoRA 模型、VAE 模型这 5 类特定模型。

2.2.1　Checkpoint 大模型

通俗来讲，大模型更像是一个具有学习能力的人，通过对某个领域的学习，它能具备丰富的该领域的知识和经验。所以，不管我们给它什么任务，它都会应对自如。比如，当使用二次元模型绘画时，不管你向这个模型抛出了多少提示词，它都会根据这些提示词去生成二次元画风的图，所以每个模型就相当于成千上万个风格类似的图片的合集。选择 Checkpoint 大模型的位置就在主界面的最上方，如图 2-3 所示。

该模型的下载方法与渠道有很多。首先，利用软件本身就能下载该模型。具体来说，通过启动器打开 WebUI，进入"模型管理"，选择"Stable Diffusion 模型"，在模型列表中选中所需模型并进行下载，这样就能获得对应的模型了，如图 2-4 所示。

图 2-3　选择 Checkpoint 大模型

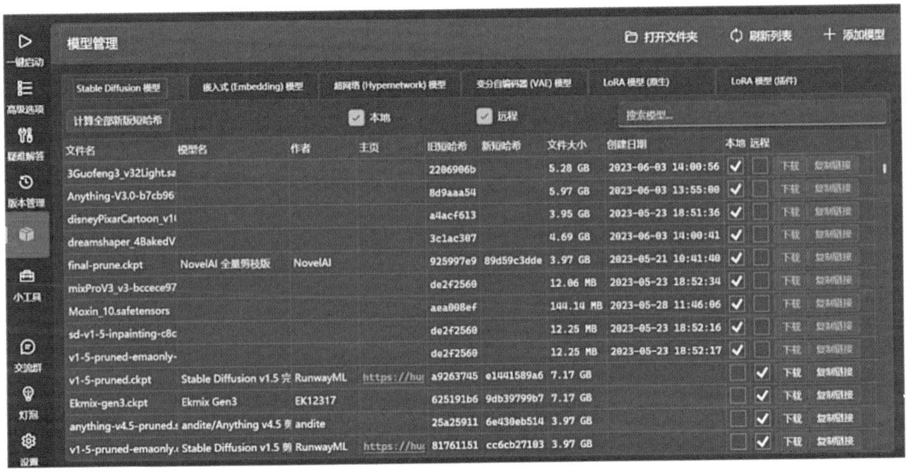

图 2-4　在软件中下载模型

其次，可以通过网站下载，且网站上的模型会更全、更新，如图 2-5 所示。

图 2-5　通过网站下载模型

前面认识了大模型，下面再来认识一些小模型。

2.2.2　Embedding 模型

Embedding（嵌入）模型是一种将自然语言文本转换为向量表示的模型，可以理解为"文本反转"。在 Stable Diffusion 中，Embedding 模型使用了嵌入技术以将一系列输入提示词打包成一个向量，从而提高图片生成的稳定性和准确性。该模型可以有效地缩小输入空间、减少输入维数，从而降低模型的复杂度并降低其内存需求。这样不仅可以简化输入，还可以提高运算速度。

1. 选择 Embedding 模型

找到"生成"按钮下的红色小图标——"显示附加网络面板"按钮，单击，可以发现左边下角弹出了"嵌入式（T.I.Embedding）"的提示，如图 2-6 所示。在该面板中选择所需的 Embedding 模型即可。

图 2-6　选择 Embedding 模型

2. 下载 Embedding 模型

（1）在启动器中下载

首先在启动器界面中找到"模型管理"；然后选择"嵌入式（Embedding）模型"选项卡，进一步找到要下载的模型；再单击对应的"下载"按钮来进行下载，如图 2-7 所示。

（2）在网站中下载

首先输入网址 https://civitai.com/（以下对 civitai.com 简称为 C 站），然后单击右上角的"筛选"图标，找到"Textual Inversion"选项，再选择需要的模型，如图 2-8 所示。

选好模型后，单击进入该模型。再单击右侧的"Download"按钮进行下载，如图 2-9 所示。

下载完成后将模型文件放进 stable diffusion 文件夹下的 embeddings 文件夹中，如图 2-10 所示。

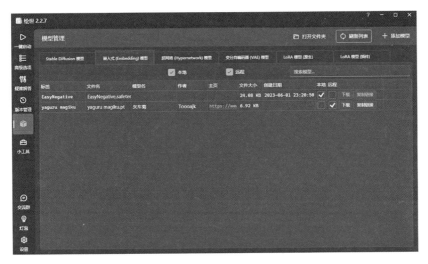

图 2-7　在启动器中下载

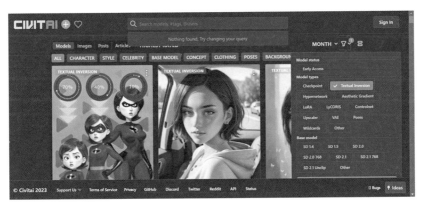

图 2-8　在网站中选择模型

图 2-9　下载选择的模型

此电脑 › Data (D:) › AI绘画软件 › stable diffusion › embeddings		∨	↻	⌕	在 embeddings ...
名称	修改日期		类型		大小
aid291.pt	2023-06-19 13:27		PT 文件		
Place Textual Inversion embeddings here	2022-11-21 11:33		文本文档		

图 2-10   模型文件存放位置

再回到 Stable Diffusion 界面，找到嵌入式（T.I.Embedding）。单击"刷新"按钮，下载的模型就会出现在这里，如图 2-11 所示。图像生成效果如图 2-12 所示。

图 2-11   下载的模型

图 2-12   图像生成效果

简单来说，Embedding 模型就是一种打包提示词的方法，在书写反向提示词时经常使用。在训练模型或者使用 LoRA 模型的场景中就可以根据自己的需求重复使用该方法打包提示词。

2.2.3 Hypernetwork 模型

Hypernetwork 可以翻译为"超网络"，它是一种基于神经网络的模型，可以快速生成其他神经网络的参数，常应用于 Novel AI 的 Stable Diffusion 模型中。Hypernetwork 主要用于对 Stable Diffusion 模型的样式进行微调。它可以生成一组新的网络参数来修改样式噪声预测器的输出结果，进而生成新的图像。

它和 Embedding、LoRA 等模型并不完全相同。在图像处理领域中，Embedding 模型通常用于将图像中的像素点映射到低维向量空间中，而 LoRA 则可以将多个图片转换为不同尺度的低维向量。所以，Hypernetwork 模型主要应用于风格迁移任务，也可以用于训练其他类型的图像。但对于人物和物品等更加细节化的训练任务，该模型的调整效果可能不如其他专门的模型或技术。

简单来说，Hypernetwork 模型的工作过程就是把提示词打包，将其转化为一种可供直接使用的风格。其使用步骤如下。

1）Hypernetwork 模型也放在附加网络面板中，其使用方法与 Embedding 模型一样，同样是通过启动器或者网站下载，如图 2-13 所示。

图 2-13　Hypernetwork 模型下载页面

2）下载的模型文件要放进 stable diffusion\models\hypernetworks 文件中，刷新后才能正常使用。

3）简单测试一下此模型，输入相关提示词。如果不知道输入哪些提示词，则可以直接复制可下载的模型案例中的提示词。选中"Hypernetworks"项，输入正向提示词，如图 2-14 所示。

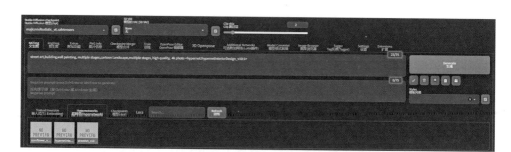

图 2-14　在 Hypernetwork 模型中输入正向提示词

4）其参数设置如下。

- 迭代步数：30。
- 采样方法：Euler a。
- 放大算法：R-ESRGAN 4x+。
- 尺寸：512×768。
- 其他设置选项保持默认。

5）单击"生成"按钮，生成的图像效果如图 2-15 所示。

Hypernetwork 模型可以对 Stable Diffusion 生成的图片进行有针对性的调整，相当于粗糙版的 LoRA。Hypernetwork 模型的应用领域较窄，主要用来训练画风，实现画面风格的转换。反过来说，应用领域垂直是它的优势，也是它被使用至今的原因。

图 2-15　生成图像示例

2.2.4　LoRA 模型

LoRA 的英文全称为 Low-Rank Adaptation of Large Language Models，直译为"大语言模型的低阶适应"。这是一项由微软研究人员提出的大语言模型微调技术，可以根据特定任务快速且自适应地调整预训练语言模型，进而提高该模型在新任务上的表现。

具体来说，LoRA 可以通过微调大语言模型来学习特定任务的语境和细节，从而提高其图片生成过程的准确性和泛化性。只要挂载 LoRA 模型，就能复刻指定人物的特征，并且使新图片的生成效果与原图有 99% 的相似度。

LoRA 的使用步骤如下。

1）下载 LoRA 模型，下载方式与 Embedding、Hypernetwork 模型相同，如图 2-16 所示。

图 2-16　下载 LoRA 模型

2）下载文件要放在 stable diffusion 文件夹下对应的 LoRA 模型文件中。

3）在"附加网络面板"中找到对应的模型，单击"刷新"按钮就可以使用了。

举个例子。先按照上述方法在网站中下载 LoRA 模型，并将模型文件放在 LoRA 的文件夹下，然后刷新，输入相关提示词。再选择要使用的赛博国风的 LoRA 模型，并自行调节 LoRA 权重，这里直接保持默认权重，如图 2-17 所示。

图 2-17　LoRA 模型提示词和权重设置

其他参数设置如下。

- 迭代步数：40。
- 采样方法：DPM++ 2M Karras。

- 选中"面部修复"选项。
- 放大算法：R-ESRGAN 4x+。
- 尺寸：512×512。
- 其他设置选项保持默认。

单击"生成"按钮即可获得图像。使用 LoRA 前后的图像分别如图 2-18、图 2-19 所示，我们看到这是两种截然不同的风格。使用 LoRA 后的图像成功复刻出了赛博国风的人物特点。

图 2-18　未使用 LoRA 的图像　　　　　图 2-19　使用 LoRA 后的图像

总之，LoRA 是一个能够改变画面风格的小模型。在实际应用中，它比 Hypernetwork 模型能力更强。

那么问题来了：能不能同时使用多个 LoRA 模型？

可以，但是每个 LoRA 模型的权重需要调整，不能相同。如果多个 LoRA 模型的权重一样，就会生成混乱图像。并且，在更改权重时，多个 LoRA 模型的权重总和最好不超过 1。假设多个模型的权重都设置为 0.3，那么每个 LoRA 模型的影响力只占 30%。在生成商用图片等场景中，用户往往不想让图片的重复率太高，那么就可以使用这种方式混合多个 LoRA 模型进行出图。

2.2.5　VAE 模型

VAE 在作为特定模型时，主要起到滤镜和微调的作用。

使用 VAE 模型之后会有滤镜效果，使整个画面看起来不是灰蒙蒙的，而是色彩饱和度很高的样子。该模型在进行微调时还会使一些细节、形状发生变化。有的模型自带与 VAE 模型相似的效果，如果再重叠使用 VAE 模型，就会影响图像的画风，调整效果反而会下降。

举个例子。假设使用 Anything 二次元模型的图像效果总是显得灰蒙蒙的、色彩冲击力不强，这时就可以考虑下载相应的 VAE 模型，如图 2-20 所示。这个 VAE 模型就适用于二次元画风。

图 2-20　下载 VAE 模型

下载 VAE 模型后将对应的模型文件放在软件文件夹下的 VAE 文件中。再回到主界面，刷新获得下载的模型。单击"使用"按钮，如图 2-21 所示。

图 2-21　使用 VAE 模型

单击"生成"按钮即可获得图像。图 2-22、图 2-23 是使用与未使用 VAE 模型的画面效果的对比。

图 2-22　未使用 VAE 的图像　　　　　图 2-23　使用 VAE 后的图像

通过案例测试可知，VAE 相当于起到增加滤镜和微调细节的作用。没使用 VAE 的图像是灰蒙蒙的，使用 VAE 之后图像的色彩饱和度变得更高了，其画面细节也得到了优化。

第 3 章
Stable Diffusion 文生图

文生图是指将文字描述转化为视觉图像并展示出来的生成技术，其中的文字描述称为"提示词"（Prompt）。基于文生图模型，遵循一定的语法规则使用提示词，再结合辅助功能，便可生成符合需求的理想图像。

3.1 提示词

文生图的提示词分为正向提示词和反向提示词两种。

1. 正向提示词

Stable Diffusion 的提示词的语法逻辑主要是通过正反向提示词的组合来激活噪声预测器，并生成对应的图像。

正向提示词（Positive Prompt）用于激活噪声预测器，并指定用户想要生成的图像的主题、内容、风格等方面的信息。在输入框中，用户可以输入一个或多个单词及短语，以指定生成图像的关键特征。例如，输入"sky, airship, bird,"等词语来生成相应的图像，如图 3-1 所示。

值得注意的是，输入的提示词越多，生成出符合用户要求的图像的概率就越高，但是也可能使生成的图像出现元素混乱或模糊的情况。因此，用户需要根据实际需求来权衡输入提示词的数量和关联性。

2. 反向提示词

反向提示词（Negative Prompt）用于消除用户不想要的特征，并限制图像的生成。例如，在上面图 3-1 中，我们发现图片下方出现了字母水印。如果你不想出现相关元素，就可以在反向提示词中输入"Font, letter, watermark"等词语来清除不必要的干扰（即字母水印），如图 3-2 所示。

图 3-1　正向提示词生成图像示例　　　　图 3-2　反向提示词消除干扰示例

我们可以看见，再次生成图像后，水印真的不见了。所以反向提示词会帮我们筛选掉不想要的元素，使结果更加符合预期。

下面列举一些在生成人物图像时常用的反向提示词，按照从整体描述到局部描述的顺序，如表 3-1 所示。

表 3-1　人物图像中常用反向提示词示例

反向提示词	说明
((nsfw)), sketches	排除不适合在工作场所或公共场所展示、粗糙的素描或速写类内容
(worst quality:2), (low quality:2), (normal quality:2), lowers, normal quality	排除低质量内容
((monochrome)), ((greyscale))	排除黑白单色内容

（续）

反向提示词	说明
facing away, looking away	排除人物的面部或者视线角度不正的内容
text, error, extra digit, fewer digits	排除含有各类文本错误、多出或缺少数字的内容
cropped, jpeg artifacts, blurry	排除裁切、有压缩痕迹、模糊的内容
signature, watermark, username	排除含有签名、水印、用户名的内容
bad anatomy, bad body, bad hands, extra limbs, extra legs, extra foot, extra arms, too many fingers, malformed limbs, fused fingers, long neck, bad proportions, missing arms, missing legs, missing fingers	排除人体结构不当、身体画法不当、手部画法不当、多余肢体、多余腿、多余脚、多余手臂、多余手指、肢体畸形、手指合并、脖子过长、人体比例失调、缺少手臂、缺少腿、缺少手指之类不符合人体实际构造的内容

3.1.1　提示词功能

Stable Diffusion 的图像生成操作非常简单，主要分为两步，一是输入提示词，二是单击"生成"。提示词可以引导图像生成的结果朝着用户期望的方向发展，具体来说，可通过正向提示词和反向提示词对生成的结果进行筛选或调整。在 Stable Diffusion 中，文生图和图生图的提示词功能是一样的，为用户提供了更灵活、更丰富的选择，非常具有创意和实用性，如图 3-3 所示。

图 3-3　Stable Diffusion 的提示词功能

3.1.2　常用提示词

有时候我们在输入提示词的时候大脑一片空白、无从下手，这要怎么办呢？下面给大家分类整理了一些常用的提示词以供参考，如表 3-2 ～表 3-7 所示。

1. 常用提示词分类

（1）整体环境类提示词

表 3-2 描述整体环境的提示词

| 自然场景 | | 季节 | | 画风 | | 镜头 | | 光效 | | 色调 | |
提示词	说明	提示词	说明	提示词	说明	提示词	说明	提示词	说明	提示词	说明
mountain	山	in spring	春	contour deepening	轮廓加深	pov	正面视角	god rays	自上而下的光	XX hue（XX 表示颜色）	XX 色调
on a hill	山上	in summer	夏	flat color	纯色块	full body	正面全身视角	glowing light	荧光	colorful	彩色的
valley	山谷	in autumn	秋	monochrome	单色	cowboy shot	正面半身视角	sparkle	闪耀效果	vivid colors	颜色鲜艳的
the top of the hill	山顶	in winter	冬	partially colored	部分着色	dramatic angle	戏剧性角度	blurry	模糊效果	nostalgia	怀旧的
beautiful detailed sky, beautiful detailed water	天好水好			chromatic aberration	色差失焦	from below	从上到下的视角	lens flare	镜头光晕	bright	亮色
on the beach	海滩上			CG	用于提升图片质量	bust	半身像	overexposure	过曝	high contrast	高对比度
on the ocean	在大海上			comic	漫画风	upper body	上半身	ray tracing	光线追踪	high saturation	高饱和度
in a meadow	草地			sketch	素描	from behind	从后面	reflection light	反射光	greyscale	灰度
landscape	开阔风景			pixel art	像素风	back	背影	motion blur	动态模糊		
night	晚上					profile	侧身像	cinematic lighting	电影光效		

提示词	说明	提示词	说明	提示词	说明
in the rain	雨中	turning around	回头	jpeg artifacts	压缩失真
rainy days	雨天	multiple views	多视图	colorful refraction	多彩折射
cloudy	多云			golden hour lighting	温暖、金色调的光照
full moon	满月			strong rim light	强边缘/轮廓光
sunset	落日			intense shadows	强阴影
cloud	云				
moon	月亮				
moonlight	月光				

（2）人物属性类提示词

表 3-3　描述人物属性的提示词

发色		发型		表情		耳朵		眼睛		嘴	
提示词	说明	提示词	说明	提示词	说明	提示词	说明	提示词	说明	提示词	说明
purple hair	紫色头发	ahoge	呆毛	kind smile	温柔微笑	ears	双耳	eyes	眼睛	lips	嘴唇
silver hair	银色头发	bangs	刘海儿	staring	凝视	animal ears	动物耳朵	heart-shaped pupils	爱心形眼	red lips	红嘴唇
dark blue hair	深蓝色头发	blunt bangs	齐刘海儿	smirk	得意地笑	cat ears	猫耳朵	slit pupils	猫眼	mouth corner	嘴角
light blue hair	浅蓝色头发	curly hair	卷发	unamused	一脸不悦	bunny ears	兔耳朵	heterochromia	虹膜异色	thick lips	厚嘴唇

（续）

发色		发型		表情		耳朵		眼睛		嘴	
提示词	说明	提示词	说明	提示词	说明	提示词	说明	提示词	说明	提示词	说明
blonde hair	金色头发	hair bun	包子头	glaring	紧盯	pointy ears	尖耳朵	aqua eyes	水汪汪的眼睛		
colored inner hair	内侧头发彩色	ponytail	马尾发	embarrassed	尴尬	fox ears	狐狸耳朵	tsurime	吊眼角		
streaked hair	部分头发彩色	drill hair	公主卷	grimace	做怪相			glowing eyes	发光的眼睛		
gradient hair	渐变色头发	messy hair	乱发	teasing smile	嘲弄地笑			sclera	眼白部分		
		braid	辫子发	evil smile	邪恶地笑			pupil	瞳孔		
		twin braids	双辫发					eyelashes	睫毛		
		wavy hair	波浪发					tareme	垂眼		

（3）人物服装装类提示词

表 3-4　描述人物服装的提示词

上装		下装		套装		鞋子		配饰	
提示词	说明	提示词	说明	提示词	说明	提示词	说明	提示词	说明
jacket	夹克	pants	裤子	business suit	商务套装	slippers	拖鞋	earings	耳环
hoodie	卫衣	bloomers	灯笼裤	chemise	宽松连衣裙	mary janes	玛丽珍鞋	hood	兜帽
dress shirt	正装衬衫	skirt	裙子	ski clothes	滑雪服	loafers	乐福鞋	crown	王冠
tailcoat	燕尾服	pencil skirt	铅笔裙	collared dress	有领连衣裙	knee boots	及膝长靴	hair bow	蝴蝶结发饰
sweater	毛衣			sleeveless dress	无袖连衣裙	ballet slippers	芭蕾舞鞋	gloves	手套
						high heels	高跟鞋	hair pin	发卡
						socks	袜子		

（4）人物姿势类提示词

表 3-5　描述人物姿势的提示词

手部姿势		整体姿势	
提示词	说明	提示词	说明
waving	招手	stand	站立
spread arms	张开手臂	knees to chest	将膝盖抱向胸部
spread fingers	张开手指	knees up	将膝盖抬起
shushing	嘘声手势		
arms up	抬手臂		

（5）物品类提示词

表 3-6　描述物品的提示词

材质		自然现象		珠宝专题	
提示词	说明	提示词	说明	提示词	说明
paper style	纸质	black smoke	黑色烟雾，也可换成其他色	atmospheric	有氛围感的
wood	木质	smooth fog	柔和的雾	beryl	绿宝石
grey concrete	灰色水泥	cloudy	云朵	carve	雕刻
marble	大理石	puffy clouds	膨胀的云	chrysoberyl	金绿石
gold	金	dramatic clouds	引人注目的云	commercial photography	商业摄影
sliver	银	thunderstorms	暴风雨	copper	铜
metal	金属	stormy ocean	暴风雨的海面	corundum	刚玉
copper	铜	ocean backdrop	海洋背景	diamond	钻石
plastic	塑料	lightning	闪电	feldspar	长石
metallic	金属质感	dawn	落日	garnet	石榴石
foam	泡沫	sunrise	日出	gold	金
nendoroid	粘土	rainbow	彩虹	HD	高清
gemstones	宝石	ethereal fog	薄雾	highly realistic	超现实
crystal	水晶	landscape	自然风景	hollow out	镂空
sculpture	雕塑	halo	光环	hue	色调，前面加颜色
mural	壁画	waterfall	瀑布	inlay	镶嵌
textured	纹理的	frozen river	冰河	intricated details	错综复杂的细节
filigret-metal	拉丝金属	gloomy night	阴暗的天	jade	翡翠
armor	盔甲	swirlying dust	旋转的尘埃	jewelry	宝石

（续）

材质		自然现象		珠宝专题	
提示词	说明	提示词	说明	提示词	说明
warframe	机甲	abyss	深渊	lazurite	青金石
skeletal	骸骨	candoluminescence	发光现象	liquid	液态
silk	丝绸	sea foam	人海浪花的白色泡沫	mirror	镜面
bone	骨头	mist	薄雾	olivine	橄榄石
filigree metal design	精密图案的金属	vapor	水汽	patterm	花纹
Plastic	塑料			perfect lighting	极好的灯光
wax	腊			relief	浮雕
ice	冰			Rose quartz	玫瑰石英
dry ice	干冰			Ruby	红宝石

（6）饮食类提示词

表 3-7　描述传统饮食的提示词

提示词	说明
A stick of sugar-coated haws	冰糖葫芦
Beijing Roast Duck	北京烤鸭
Box lunch	盒饭
Eight-treasure rice pudding	八宝饭
Glass noodles	粉丝
Guotie	锅贴
Hot pot	火锅
Jellied bean curd	豆腐脑
Konjak tofu	魔芋豆腐
Lotus Root	莲藕
Rice noodles	米粉
Rice tofu	米豆腐
Set meal	套餐
Spring Roll(s)	春卷
Steamed twisted rolls	花卷
Tangyuan /Sweet Rice Dumpling(Soup)	元宵
Wonton	馄饨

2. 书写格式

在书写提示词的过程中需遵循其权重逻辑：排序靠前的提示词会得到更高的权重；排序越靠后的提示词，其权重越低。如果我们给的提示词过多，那 Stable Diffusion 会忽略中间的一些提示词来减少计算量。根据这个规则，我们需要合理调整提示词的书写顺序。提示词类型划分如表 3-8 所示。

表 3-8　提示词类型及说明

提示词类型	说明
画质词	画质词比较固定，一般是 high quality（最高画质）、masterpiece（杰作）、8K、high definition（高清）等
风格词	如 photo（照片）、illustration（插画）、animation（动画）等
主体词	用以描述这幅画的主体是人物、动物还是事物等，如 1 girl、1 dog 等
属性词	注意整体和细节都是从上到下进行描述的，如 ● 发型，如 bangs（刘海）、curly hair（卷发）、hair bun（包子头）、wavy hair（波浪卷）等 ● 发色，如 silver hair（银发）、purple hair（紫发）、streaked hair（挑染发）、gradient hair（渐变发色）等 ● 衣服，如 jacket（夹克）、灯笼裤（bloomers）、socks（袜子）、high heels（高跟鞋）等 ● 五官，如 bunny ears（兔耳）、heterochromia（异瞳）等 ● 颈部，如 pearl necklace（珍珠项链）等 ● 手臂，如 off Shoulder（露肩）等 ● 胸部 ● 腹部，如 exposing the navel（露脐）等 ● 臀部 ● 腿部，如 slender leg（细长的腿）等 ● 脚部
情绪词	如 kind smile（温柔的微笑）、unamused（一脸不悦）、shy（害羞）等
姿势词	● 基础动作，如 stand（站）、sit（坐）、run（跑）、walk（走）、run（蹲）、lie down（趴）、kneel（跪）等 ● 头部动作，如 skew your head（歪头）、look up（向上看）、bow your head（低头）等 ● 手部动作，如 hands in hair（双手拨头发）、hand on hip（单手叉腰）、waving（招手）等 ● 腰部动作，如 bend（弯腰）、bow（鞠躬）等 ● 腿部动作，如 pigeon-toed（内八字）、crossed_legs（二郎腿）、mlegs（M 形腿）、indian_style（盘腿）等 ● 复合动作，如 fighting_stance（战斗姿态）、back-to-back（背对背）等
环境词	indoor（室内）、outdoor（室外）、wood（树林）、sand（沙滩）、under the starry sky（星空下）等
其他	lights（灯光）、winter（冬天）等

将不同类型的提示词通过换行格式分开，方便自己随时调整，举例如下。

```
high quality,masterpiece, 8k,high definition,fashion, illustration,
    (1girl), (light blue hair:1.2), (twin braids:1.5),(long
    hair:1.3), messy hair, long bangs, hairs between eyes,
    multicolored hair,(bubble skirt:1.5),(open clothes), beautiful
    detailed eyes,brown eyes), seductive smile, yokozuwari, dark
    background, colorful refraction, ,shooting star,city,in summer,
```

上述提示词的生成效果如图 3-4 所示。

图 3-4　提示词生成效果示例

3.1.3　提示词语法

在 Stable Diffusion 中，提示词的作用相当于对图片打标签（Tag）。为了使生成图包含更多的元素和产生更多的变化，可以对提示词功能设置一定的语法规则。

1. 内容语法

提示词的形式可以是单词，可以是词组，也可以是自然语言短句子。它们之间的书写格式有什么区别呢？

（1）单词形式

将单词填入文生图提示词文本框内，如"1girl, stand, street"，其效果如图 3-5 所示。注意，这里用"，"隔开一个个单词。

（2）词组形式

将词组填入文生图提示词文本框内，如"1 girl, standing on the street"，其效果如图 3-6 所示。这里也用"，"隔开一个个词组。

图 3-5　单词形式提示词的生成效果示例　　图 3-6　　词组形式提示词的生成效果示例

（3）短句形式

将短句填入文生图提示词文本框内，如"1 girl standing on the street"，这里使用了一个句子，其效果如图 3-7 所示。

图 3-7　短句形式提示词的生成效果示例

以上提示词内容虽然是不同的形式，但对生成图像的面部、服装、构图等方面进行对比，发现其生成效果是相似的，也就是说提示词内容基本上是等效的。

2. 分隔语法

如前所述，多个不同的提示词之间需要使用","分隔，而逗号前后是否有空格或者换行，都不会对结果造成影响。例如，将"1girl, lolilong, hairflow, twintails"填入提示词文本框中，单击"生成"，可以得到如图 3-8 所示的效果图。

这里要注意的是，在使用逗号隔开的一个个单词或词组中，越靠前面位置的提示词，其权重越高，对应图像的生成效果越接近该提示词的内容，所以通常我们会将重要的主体词放在前面，而将修饰词放在后面。并且，虽然逗号隔开了不同意义的单词，但是每个单词都是独立生效的，其语义之间不产生逻辑关系。

3. 增强 / 减弱语法

每个提示词的默认权重是 1。如果想改变提示词权重，则有以下几种表示方式。

图 3-8　分隔语法应用示例

（1）（提示词 : 权重数值）

给提示词加上圆括号，并在提示词后面加冒号和权重数值，这表示提示词的权重增强了对应数值的倍数。权重数值的取值范围为 0.1 ～ 100，默认是 1，小于 1 时表示权重降低，大于 1 时表示权重提高。例如，（1girl:3）即表示"1girl"这一提示词的权重数值增大了 3 倍。

（2）（提示词）

直接给提示词加上圆括号则表示提示词的权重数值增大 1.1 倍数。例如，（1girl）即表示"1girl"的提示词的权重数值增大 1.1 倍。

（3）多重嵌套括号

加 1 个圆括号表示权重数值增大 1.1 倍，那么加上 2 个圆括号就表示权重数值增大了 $1.1 \times 1.1 = 1.21$ 倍，加上 3 个圆括号就表示权重数值增大 $1.1 \times 1.1 \times 1.1 = 1.331$ 倍，以此类推。

（4）[提示词]

直接给提示词加上方括号，表示提示词权重数值缩小 1.1 倍。例如，[1girl]即表示"1girl"提示词的权重数值缩小 1.1 倍。

4. 混合语法

混合语法更有意思，它可以帮助你实现天马行空的创意设计。采用混合语法的提示词有如下两种常用的书写形式。

（1）用"AND"分隔

假如你想创造一种动物混合体，将你需要混合的动物名称用"AND"隔开，即可实现该创意。例如，松鼠和猫的结合会呈现怎样的视觉效果？在提示词文本框中输入"squirrel AND cat"，单击"生成"，即可得到如图 3-9 所示的形象。

我们看到，这个松鼠和猫结合生成的新物种看起来非常可爱。该动物整体形象还是以松鼠为主，但是在尾巴、毛色花纹、胡须等方面都融入了猫的元素。使用 AND 语法不仅可以混合动物，还可以混合其他事物，由此，使用该语法可以生成更多超越想象的创意作品。比如，可以为游戏设计师设计游戏角色提供更多的灵感。

图 3-9　AND 语法示例

（2）用"|"分隔

"|"可以分隔多个提示词，使用这种方法会生成另一种混合效果：被分隔的提示词会同时发生作用，也就是说，同一主体上会混合多种元素。例如，输入"1 girl, red|blue hair"，得到的效果如图 3-10 所示。可以看到使用"|"混合语法生成了一个有着红蓝相间发色的女孩。

总之，AND 混合语法是在两种或多种不同的物体之间进行混合。而与 AND 混合语法不同的是，"|"混合语法是将几个发挥同样影响的提示词进行混合，以描述其在一个物体上同时存在时的混合效果。

图 3-10　"|"语法示例

5. 渐变语法

这种语法的生成逻辑可以简单理解为，先按某一个提示词生成一种结果，在此基础上再结合另一个提示词，过渡到另一种结果。该语法的书写格式为 [Tag1:Tag2: 数字]，其中的"数字"代表迭代步数。

- 当数字 n 大于 1 时，可以理解为第 n 步前 Tag1 生效，第 n 步后 Tag2 生效。
- 当数字 n 小于 1 时，可以理解为总步数的第 $n\%$ 步前受 Tag1 影响，之后受 Tag2 影响。

举个例子，在提示词文本框处填入"a girl, long hair[white:yellow:16]"，生成效果如图 3-11 所示。

图 3-11　渐变语法应用示例

其中，第一幅图为对照图，是只填入提示词"a girl"的生成效果，迭代步数为 20。第二、第三幅图是应用渐变语法"a girl, long hair[white:yellow:16]"后的效果，迭代步数为 16。在第 16 步之前，图中女生的发色以第一个提示词的描述为主，为白色；在第 16 步之后，图中女生的白色头发慢慢变为白黄渐变的发色。

6. 交替语法

使用交替语法可以设计出多种形态混合的生物类型角色，它会轮流让提示词发挥作用。其书写格式为"形容词 + [Tag1|Tag2|Tag……]"，其中"形容词"放在前面或后面的效果是一样的。

例如，"Lovely [cow|horse]"表示会生成一个牛与马的混合形象，并且风格是可爱的。如果我们将提示词写的更长，如"Lovely [cow|horse|cat|dog]"，则生成图像时会轮流使用提示词，图中生物会先向着牛的模样变化，再向着马的模样变化，然后加点猫的元素，再加点狗的元素，最终生成一个混合多种生物特征的形象。

3.1.4　提示词相关性

提示词相关性是指图像与提示词的匹配程度。适当增加对应选项的值，会使生成的图像更加接近提示词的描述内容。但该值设置过高时，反而会让图像色彩变得过于饱和，在一定程度上降低图像质量。一般该值的设置范围在 5 ～ 15 时会有比较好的图像生成效果，而 7、9、12 是 3 个最常见的设置值。

3.2　图片采样

图片采样方法有很多，使用不同的采样方法，则会按照不同的选择倾向在全部向量中抽样筛选出不同特征的小规模向量。使用图片采样可以一次地对图片降噪过程进行调整和矫正。

3.2.1　采样的基础原理

采样是一种从一个数据集中选取一部分样本用于模型训练或推断的方法。采样过程可以是随机或具有确定性的，并且可以使用不同的策略。在深度学习领域中，采样通常用于生成训练批次、增强数据以及对抗生成网络等任务。在统计学中，采样的目的主要通过从总体中获取样本以进行推断和估计总体参数等。

要了解采样的工作原理，要先了解 Stable Diffusion 的出图过程。Stable Diffusion 将前向的扩散过程和后向的去噪、复原过程结合起来，从而完成高质量的图片生成。

在前向的扩散过程中，Stable Diffusion 模型会不断地向输入数据中添加噪声，如图 3-12 所示。添加的噪声可以看作从一个高斯分布中采样出来的。而高斯分布的方差会在每一步中逐渐减小，因此随着时间的推移，噪声会越来越弱。

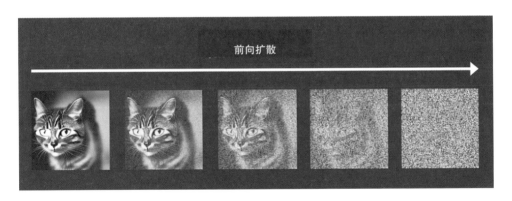

图 3-12　前向扩散

在后向的去噪、复原以及目标生成的过程中，采样算法会反复运行逆过程，来逐步去除前向过程中添加的噪声，最终得到一个清晰的、基于文本描述生成的图像，如图 3-13 所示。

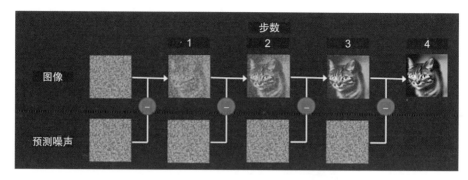

图 3-13　后向的去噪、复原以及目标生成

3.2.2　采样方法的比较与选择

列举几个常用的采样器并比较效果，如表 3-9 所示。

表 3-9　常用的采样方法及其效果

采样方法	效果说明
Euler a	这个算法富有创造力，可以生成多样化的图片 设置不同步数可以生成不同效果的图片，但一般来说，超过 30 步，尤其在 40 步之后对效果的增益就不大了，因此可以考虑在这个范围内选择合适的迭代步数
Euler	采用了最简单、常见、快速的基础算法，适用于一些比较简单的生成任务
DDIM	相比于 Euler，DDIM 的算法的收敛更快 经过 20 步之后，该采样器生成的图像的质量就比较好了
LMS	LMS 在 Euler 的基础上进行了算法的优化，相对来说更稳定一些 相比于 Euler，LMS 大概需要 30 步才能得到相对稳定的生成结果
PLMS	PLMS 是对 LMS 的进一步改进 与 LMS 相比，PLMS 的性能更好，可以在更短的时间内得到更高质量的图片
DPM	全称为 Diffusion Probabilistic Model，即扩散概率模型
DPM++	2022 年发布的一款为 Diffusion 模型设计的新型采样算法
DPM2	DPM2 是一种改进版的 DDIM 算法，速度比 DDIM 快两倍左右，同样可以生成高质量的图片 DPM2 是 DPM 的二阶版本，DPM++ 是对 DPM 的优化改进 DPM 是通过离散化实现的噪声预测模型，而 DPM++ 则是通过离散化实现的数据预测模型
DPM Fast	DPM Fast 宣称比其他方法更快，然而在测试中其性能跟其他采样方法差不多 要达到好的质量需要比较高的步数 是随机算法中的一种，噪声不收敛
DPM Adaptive	能自适应，不被输入的 Steps 参数值限制，哪怕输入 5 步，也会生成质量较高的图像，表现稳定
Heun	是 Euler 的二阶版本，精确性更高，但采样速度慢 2 倍

（续）

采样方法	效果说明
UniPC	是一个免训练的框架，专为扩散模型的快速采样而设计，由一个校正器（UniC）和预测器（UniP）组成 可以在 5 ～ 10 步内生成较高质量的图像

总结采样方法的特点如下。

1）最快的采样方法：

- Euler
- Euler a
- DPM++ 2M
- DPM++ 2M Karras

2）最具创意的采样方法：

- DPM++ 2S a Karras
- DPM++ SDE Karras
- DPM++ 2S a
- Euler a

3）最稳定的采样方法：

- DPM adaptive 最稳定，但速度最慢
- Euler
- LMS Karras
- DPM2 Karras
- Heun
- DDIM

综上，需要根据具体的任务及需求来对采样方法进行评估和选择。

3.2.3　采样迭代步数

Stable Diffusion 在创作过程中会随机出一张噪声图，再一步步调整图片，慢慢向提示词的内容靠拢。而采样迭代步数就是告诉 Stable Diffusion 这样的绘画需要经过多少步。

步数越多，每一步的操作也就越小越精确，同时会成比例地增加生成图像所需要的时间。

如图 3-14 所示，这是一个迭代步数在 20 步以内的男性人物形象生成效果图。

可以看到，在迭代步数只有 1 步的时候，只是画出了一个大概的人物轮廓；到第 5 步的时候，一个男性人物的样子已经出来了，只是五官细节还没有画

好；第 9 步时该男性人物的面貌已经出来了；第 13 步、第 17 步时，已经生成一个细节比较丰富、比较逼真的人物形象了。所以，迭代步数就可以理解为 Stable Diffusion 在画面中画了几笔。一定范围内，步数越多，成型细节就越丰富，画面效果越好看。但是步数太多也不行，如果超过 50 步，Stable Diffusion 就会做出很多额外发挥，出图效果反而离预期越来越远了。

图 3-14　不同迭代步数的生成效果示例

3.3　面部修复与高清修复功能

Stable Diffusion 的面部修复功能可以优化人物图像生成时脸部容易崩坏的问题，而其高清修复功能可以让图片按照用户设定的放大倍率生成高清图像。

3.3.1　面部修复功能原理

Stable Diffusion 是一种基于扩散模型的图像修复算法，它的目标是从损坏的图像中恢复原始图像。在进行面部修复时，Stable Diffusion 首先会检测图像中所有的人脸，并将其裁剪出来放大到 512×512 的尺寸。接着，使用局部重绘技术重新绘制人脸部分，逐步优化和重构脸部细节，以去除损坏的边界并绘制出更光滑的脸部边缘，最后将修复后的人脸缩小并无缝拼回原始图像中。这样可以使得修复后的人脸更加自然，符合原始图像的整体风格，同时能提高修复效果的质量。

3.3.2　面部修复效果对比

文生图和图生图模式下的面部修复功能采用的都是一样的算法流程，都是对生成图中的面部进行修复。该过程的实现主要靠两种算法——GFPGAN 和 CodeFormer 算法，用户可以在主界面中"设置"下的"面部修复"处去进行设置，以具体选用某个算法，如图 3-15 所示。一般情况下会选择 GFPGAN 算法。因为 CodeFormer 算法会对原图进行重新生成，就会改变图片中人物的原来样貌，而 GFPGAN 算法的生成效果会更贴近原图的样子。

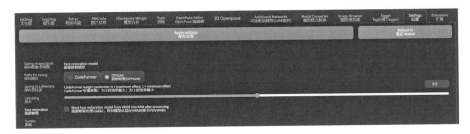

图 3-15　面部修复算法设置

当我们想要生成一个人物相关的图片时，是否选择面部修复的选项，其效果是否一样呢？

我们可以对此进行测试。例如，我们要生成一张女性人物的图像，面部修复前后的效果对比如图 3-16、图 3-17 所示。

图 3-16　没有使用面部修复功能的画面效果　　图 3-17　使用面部修复功能的画面效果

在图 3-16 中，没有使用面部修复功能的人物面部看起来比较僵硬，有时图像中人物的五官会变得扭曲。而图 3-17 中，使用面部修复功能后人物的面部细节有所调整，边缘羽化，面部线条看起来更柔和。但面部修复功能并不是一直好用的，有时候也会出现人物五官不协调的情况，需要多次尝试才能得到满意的图像。

3.3.3　高清修复功能原理

Stable Diffusion 算法的高清修复功能会对原始图像进行处理，采用增强分辨率的方式进行细节加强和色彩光照的优化。在这个过程中，算法会对图像的每一个像素区域进行处理，不断优化图像质量，同时全局和局部信息都会被考虑进去。这个过程是逐步进行的，每一次优化都会基于上一次的结果进行，从而逐步提高图像质量。

高清修复功能与面部修复相比，需要使用更大的内存，有时出图更慢。

3.3.4　高清修复效果对比

由于面部修复功能并没有那么好用，高清修复的效果往往会更加令人惊艳。对此，我们在具体案例中来查看一下效果。

例如，当我们想要生成一个女性人物形象时，使用高清修复功能前后的效果对比如图 3-18、图 3-19 所示。

图 3-18　没有使用高清修复功能的画面效果　　图 3-19　使用高清修复功能的画面效果

在图 3-18 中，很明显，图像中女人脸部的细节处理得比较粗糙，五官都有些变形。而在图 3-19 中，高清修复时采用的是 R-ESRGAN 4x+ 放大算法，使人物面部刻画得更加立体饱满，细节处理也更加自然。

所以，当图片修复完成后，Stable Diffusion 算法会将高分辨率的图像还原到原始分辨率的水平，并将修复结果应用到原始图像上。这个过程可以帮助用户更好地修复原始图像的细节和色彩，从而提高图像的质量和可用性。要注意的是，具体的实现方式可能因为不同的算法和工具而有所区别。与面部修复功能相比，高清修复的效果更好，但也更占内存，出图速度要慢很多。

3.3.5　高清修复功能的放大算法选择

放大算法指的是可以将图像从低分辨率放大至高分辨率的算法。在数字图像处理中，图像的分辨率往往是指单位长度内的像素数。例如，一个分辨率为 1000×1000 的图像意味着图像的长度和宽度分别由 1000 个像素组成。在实际应用中，图像往往需要进行缩放或者放大的操作，以适应不同的尺寸要求或提高图像质量。

高清修复功能可以选择的算法主要包括 Latent、Latent(antialiased)、Latent(bicubic)、Latent(bicubic antialiased)、Latent(nearest)、Latent(nearest exact)、Lanczos、Nearest、BSRGAN、ESRGAN_4x、LDSR、R-ESRGAN 4x+、R-ESRGAN 4x+ Anime6B、ScuNET、ScuNET PSNR、SwinIR_4x(SwinIR 4x)，一共 16 种算法。

其中，最常用算法有两种。一种是功能最全面的 R-ESRGAN 4x+ 算法。它是一种图像超分辨率重建算法，在提高图像分辨率的同时可以增强对图像的细节和纹理的细节，并且生成的图像质量比传统方法更高。如果生成写实风格图片，一定选它。我们在案例中选用的就是这种算法。另一种是放大动漫风格图片时最好用的 R-ESRGAN 4x+ Anime6B 算法。它是一种基于超分辨率技术的图像增强算法，主要用于提高动漫图像的质量和清晰度。

放大算法的主要作用就是将低分辨率的图像放大到更高分辨率，使图像的细节更加清晰、信息更加丰富，从而有效提高图像的质量。在这个过程中，放大算法会使用插值或重建等技术来补充缺失的像素信息，从而尽可能确保放大后的图像效果接近原图像。具体选用哪个算法，可以根据模型自行尝试。

3.4　分辨率

生成的图片的分辨率大小一般是用像素来表示的。通常较高的分辨率会使图片更清晰、更精细，但也会占用更多的存储空间和资源。

图片的分辨率设置过低或过高都会影响图片的质量。如果尺寸低于 256×256，则会让 AI 缺少发挥空间，导致图像质量下降。如果尺寸大于 1024×1024，除了会使显存超负荷，还会让 AI 乱发挥，同样会导致图像质量下降。常见的模型基本是在 512×512 和 768×768 的基础上训练的，如果模型明确提示何种分辨率最优，就可以按照模型的要求去设置。

3.5　生成批次与每批数量

生成批次是指将需要生成的图片按数量拆分成多个批次来生成。每批数量是指同时生成多少个图像。

$$生成的图像总数 = 生成批次 \times 每批数量$$

假如在创作的过程中使用固定的参数生成的两张图都不太理想，此时我们可能需要从多张图片中进行挑选，因此并不想一张张出图，而想要一次生成许多张图，这种情况下就可以使用生成批次和每批数量的功能。比如，生成批次是 3、每批数量是 2，其他参数不变，单击"生成"，结果如图 3-20 所示，一共生成了 6 张图。

图 3-20　生成批次与每批数量的应用示例

当一次生成多张图片的时候，我们就可以在这些图中选择出最满意的图像，或者将各张图像中我们想保留的创意元素收集起来，应用到其他的图像设计中。

3.6　随机种子

AI 绘画的原理是先随机生成一个噪声图。通过设置不同的随机种子值，可以产生不同的随机图片，而同样的随机种子将产生同样的图片。这个参数可以用于控制生成图片的变化和重现，界面如图 3-21 所示。

图 3-21　随机种子参数设置

这里有一个骰子样式的图标，就对应随机种子参数。若将随机种子设置

为 –1，则每次生成图片时都会使用一个新的随机数。

　　举个例子。首先输入提示词，随机生成一个骑猫猫摩托车的女孩，随机种子值默认为 –1，然后单击"生成"，如图 3-22 所示。

图 3-22　随机种子参数应用示例（1）

　　可以看到随机生成的女孩图像的随机种子数为 2605192291。再次单击"生成"，如图 3-23 所示。

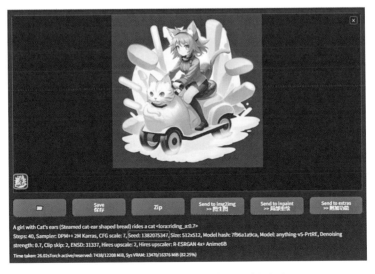

图 3-23　随机种子参数应用示例（2）

此时种子值更新了，图像也发生了改变。

所以当随机种子为 –1 时，则表示未使用种子，后续出图都是随机状态。这是随机种子的常见用法之一。

在设置随机种子参数时会见到一个绿色的循环三角图标，它的作用就是重用上一次的随机种子数。该按钮在我们想要得到固定结果时会很有用，单击这个小图标，就会出现上一张图的随机种子数，如图 3-24 所示。

图 3-24　重用随机种子数

在某种特定需求下，也可以固定随机种子值。以种子值为 2605192291 的图为例，当保持种子数不变时，不管改动提示词，还是调整其他参数，其出图效果都会参考固定种子数，所以图片的相似度会很高，如图 3-25 所示。

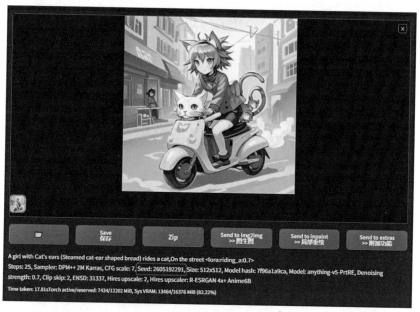

图 3-25　固定种子数的生成图像示例

虽然增加了描述街道的提示词，但生成图的随机种子数是没有变的，所以人物的服装、鞋子、耳朵、尾巴等细节处理上都是以 2605192291 的种子图为基础实现的，生成图片的相似度很高。这就是随机种子的第二种用法。

当我们在创作的过程中生成一张很棒的图时，若想要在这张图的基础上进行有限的一点点调整，则使用固定种子值就是个不错的方法。

3.7　差异随机种子

差异随机种子为图片生成提供了另一种参考范式。借助差异随机种子，生成图可以有更多的变化。

在设置随机种子时有一个选项"Extra"，单击该选项就会出现如图 3-26 所示的界面。

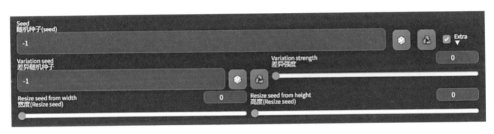

图 3-26　单击"Extra"选项

在进行图片生成时，差异随机种子和随机种子的功能可以同时使用。将随机种子值设置为 –1，若差异强度的值偏向 0，那么出图结果就会朝着随机种子为 –1 的生成效果靠拢；若差异强度的值偏向 1，那么出图结果就会朝着差异随机种子值的图片效果靠拢。

举例来看，差异随机种子采用了下面的种子值 2005313016，如图 3-27 所示。

图 3-27　差异随机种子示例

```
parameters
1girl
Negative prompt:((nstw)),sketches,nude(worst quallty:2),(low quality:2),
    (normal qualiity:2),lowers,normal quality,((monochrome)),((greyscale)),
    facing away,looking away,text,error,extra digit,fewer digits,
    cropped,jpeg artifacts,signature,watermark,username,blurry,skin
    spots,acnes,skin blemishes,bad anatomy,fat,bad feet,cropped,poorly
```

```
drawn hands,poorly drawn face,mutation,deformed,tilted
head,bad hands,extra limbs,extra legs,malformed limbs,fused
fingers,too many fingers,long neck,cross-eyed,mutated hands,bad
body,bad proportions,text,error,missing fingers,missing
arms,missing legs,extra arms,extra foot,missing finger
Steps 14,Sampler:Euler a,CFG scale:7,Seed:2005313016,size:512x512,
Model:Anything-V3.0,Clip skip:2,ENSD:31337
```

将差异强度往偏向 1 的方向调整，直接将设置条拉到 0.72，如图 3-28 所示。并且差异随机种子中的宽度和高度也是可以修改的，这会相应改变原图尺寸，我们可以根据需要去设置，此处设置为 0。

图 3-28   将差异强度设置为 0.72

基于上述设置，单击"生成"，得到的图像如图 3-29 所示。

从出图效果来看，这张图因为差异随机种子值的设置而发生了变化。比如，很明显的是人物头发扎起来了，衣服的款式也变了。

虽然差异随机种子也是一种或一系列随机数，但它的作用是在已有图片的基础上进行微小的改变。通过微调差异随机种子的值，我们可以产生一张与原图略微不同而不是完全不同的一张图片。这有助于我们精细化控制生成图片的变化程度，使图像生成手段更加多样化。

图 3-29   差异随机种子生成图像

Stable Diffusion 图生图

图生图模型主要是依靠预训练的深度学习模型来实现的。该模型在进行训练时，通过大量的数据对图像的特征和样式进行学习，从而可以对用户输入的提示词进行理解，并在此基础上生成一张与之相关的新图像。

Stable Diffusion 为了实现图生图的目标，主要提供了图生图、绘图、局部重绘、局部重绘（手涂蒙版）、局部重绘（上传蒙版）、批量处理六大功能。

4.1 图生图

图生图功能是一种基于 GAN（生成对抗网络）的图像生成技术，它能够对输入的原图进行分析和理解，然后根据提示词来生成具有想象力的新图像。

例如，上传一张人物图像，如图 4-1 所示。

原图中人物的表情太过忧伤，我们需要给她换个表情，让她开心地笑起来。而有了图生图功能，这个操作变得非常简单。

我们可以直接通过修改提示词的描述来完成该操作。写入"smile"，单击"生成"按钮，即可获得如图 4-2 所示的图像。

通过这种方法，我们在原图的基础上生成了一张整体效果与原图相似的新图像。对比原图可以看到，新图中只有人物的表情发生了变化。

在此过程中还有两点需要注意。

首先，在图生图过程中，我们输入的提示词是用于指导新图像生成的，而不是描述原图的。提示词所描写的内容仅应用于模型输出的新图像，不会使原图产生任何改变。

图 4-1　原始人物图像

其次，提示词只需要描述对新生成图像的要求，而不需要描述原图中的细节。这是因为模型会分析原图风格并将其保留下来，提示词只需要指出新图相对于原图的变化。例如，上例中我们只通过提示词修改了人物表情，模型就仅改变表情而保持其他部分不变。

4.1.1　缩放模式

缩放模式的主要目的是将上传的原图缩放为指定的尺寸，使其与生成的图像具有相同的大小，从而保持它们的尺寸比例一致。

图 4-2　修改提示词后得到的图像

缩放模式主要包括拉伸、裁剪、填充、直接缩放（放大潜变量）4 个功能。

1. 拉伸

拉伸功能可以起到改变图片尺寸的效果。如果原图尺寸是 512×512 像素，而生成图设置为 768×512 像素，很明显，这两个尺寸无法匹配。此时选择"拉伸"选项（注意将重绘幅度设置为 0），如图 4-3 所示。

图 4-3　选择"拉伸"选项

单击"生成"按钮，得到的效果如图 4-4 所示。

图 4-4　使用拉伸功能的生成图

可以看到，生成图因拉伸而变形。因为与原图尺寸比例不一致，生成图会被上下拉伸或者左右拉伸。这个功能一般在微调人物高矮胖瘦的时候有用，在其他时候会导致图片变形，效果并不好。

2. 裁剪

选中"裁剪"选项后，当用鼠标在宽度或者高度的设置条上按住蓝色小圆点左右滑动时，原图上就会出现一块可移动的红色区域。该红色区域是裁剪后的效果预览，如图 4-5 所示。注意，这时候的重绘幅度设置为 0。

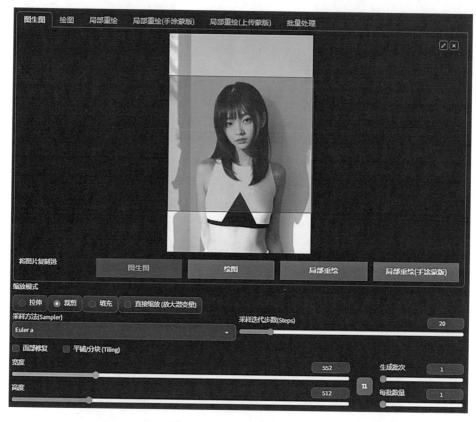

图 4-5　选择"裁剪"选项

确定好要裁剪的大小后，单击"生成"按钮，得到的生成图的效果如图 4-6 所示。利用裁剪模式，可以将多余的部分裁减掉。

3. 填充

填充功能可以将上传的原图缩放为指定的尺寸，该选项如图 4-7 所示。

比如，原图尺寸是 288×512 像素，而生成图的尺寸需要设置为 1024×768

像素。注意，这时候的重绘幅度设置为 0。使用该功能，单击"生成"按钮，生成图的效果如图 4-8 所示。

图 4-6　使用裁剪功能的生成图

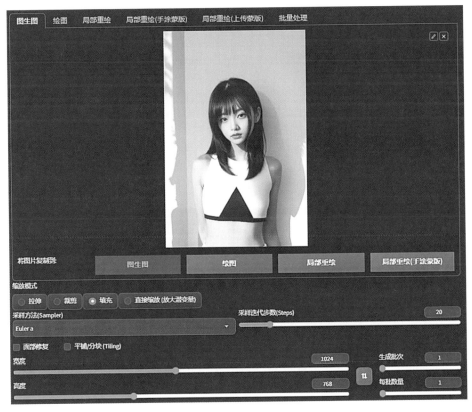

图 4-7　选择"填充"选项

图 4-8　使用填充功能的生成图

　　使用填充功能，模型会对原图在宽度和高度上都进行缩放，并且为了保证生成图的比例，会对原图进行像素填充。但在扩充后，生成图的边缘的像素变得稀疏，导致背景模糊。若在这时候稍微提高一点重绘幅度的值，背景就会被重新绘制，如图 4-9 所示。

图 4-9　提高重绘幅度的效果

　　不过，重绘幅度提高后，不但背景被重新绘制了，而且原图人物也发生了改变。

4. 直接缩放（放大潜变量）

　　直接缩放（放大潜变量）功能实现的效果和拉伸差不多，但是拉伸后的图片会比较清晰，而该功能调整后的图片会变得模糊。比如，原图尺寸为 512×512 像素，将生成图尺寸设置为 768×768 像素，将重绘幅度设置为 0，则生成效果如图 4-10 所示。

　　该功能和拉伸功能都是直接放大图像来实现缩放的，其视觉效果差不多。但因为前者放大的是图像的潜在空间特征，而不是像素空间特征，容易使图像变得模糊，所以直接缩放（放大潜变量）很少用。

图 4-10　使用直接缩放（放大潜变量）功能的生成图

4.1.2　重绘幅度

通过对图生图、绘图、局部重绘以及局部重绘（手涂蒙版）功能的学习，我们会发现重绘幅度起着至关重要的作用。如果没有重绘幅度，模型将没办法出新图，不会产生任何创新与改变。

重绘幅度的参数值可以在 0 ～ 1 的范围内进行调节。当重绘幅度为 0 时，生成图与原图一样，模型没有进行重绘；当重绘幅度在 0 ～ 0.5 之间时，生成图与原图的差别很小，模型重绘的部分很少；当重绘幅度在 0.5 ～ 1 之间时，生成图与原图的差别较大，重绘的部分较多。也就是说，重绘幅度越大，重绘的程度越高。

4.2　绘图

绘图功能是指在原图基础上进行涂鸦和绘制，然后配合文本描述，通过模型的学习和创作，生成一张全新的二次创作图像。绘图功能界面如图 4-11 所示。

下面我们来实践一下绘图功能。

首先，将原图拖进绘图功能的图片入口。原图上传后，界面右上角会出现相应的绘图工具，如图 4-12 所示。

我们简单介绍一下这几个绘图工具的作用。

- 第一行有 3 个工具：第一个工具是"撤销"，能使图片退回到上一步的涂鸦内容；第二个工具是"橡皮擦"，会一次性擦掉全部涂鸦内容；第三个工具是"删除原图"，如果过程中需要换一张原图，就可以先单击这个工具（叉号），再更换一张新图。

- 第二行的工具是"调整画笔大小"，单击该按钮后左边会出现蓝色的数值
  条，可以通过鼠标左右滑动数值条来调节画笔的大小。

图 4-11　绘图功能界面

图 4-12　原图上传

- 第三行的工具是"调整画笔颜色"，单击该按钮后会出现调色盘，从中选择想要的颜色就可以了。并且调色盘上有一个滴管一样的图标，它是吸管工具，用于在原图上复制选中的颜色，使调色盘当前选中颜色变成该复制颜色。

接下来进行实操：为原图中的人物换一件裙子。首先调整画笔大小，再选好需要的颜色，就可以进行衣服涂鸦了，如图 4-13 所示。

图 4-13　对原图人物进行衣服涂鸦

涂鸦完成后，为了达到我们预期的效果，还需要配合文本描述，如添加"yellow dress, grey belt, pink collar"等相关提示词。通过用提示词描述该涂鸦内容，我们能够使模型更加明确生成目标。

注意，此时参数设置选项大多保持默认，只有重绘幅度需要提高。如果将重绘幅度设置为 0.5 以下，那么新增的涂鸦部分就不会发生太大改变；只有当重绘幅度设置在 0.5 以上时，涂鸦部分才会有明显改变，最终生成与原图画风相符的衣服，并与人物融合，如图 4-14 所示。

图 4-14　调整重绘幅度后的涂鸦
生成效果

　　涂鸦的生成效果基本符合预期，这就是绘图功能所起的作用。利用该功能，用户可以利用随意涂鸦、填充颜色等方式，结合输入的相关提示词来让模型生成一张新的创作图像，达到调整或表达自己的创意和视觉设计的目的。

4.3　局部重绘

　　局部重绘功能的界面如图 4-15 所示。

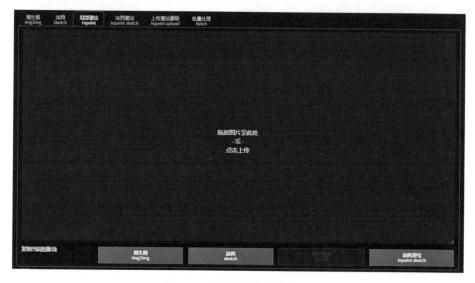

图 4-15　局部重绘功能界面

　　在局部重绘功能中，用户只需要使用蒙版工具将需要重绘的地方圈出来，再加上提示词，即可让模型生成一张新的艺术图像。而圈出的区域呈黑色，代表需要被重绘的部分。

4.3.1　局部重绘实操

　　下面我们实际体验一下局部重绘功能。首先将原图拖进局部重绘功能界面的图片入口，图片上传好后右上角出现了一些小工具的图标，如图 4-16 所示。

　　与绘图功能不同的是，局部重绘功能下，因为涂鸦是在蒙版圈定的范围中进行的，所没有颜色工具。其他工具的作用是一样的。

　　局部重绘功能如何使用呢？比如，为原图中人物换脸。首先，调整画笔大小，用画笔工具将需要重绘的部分涂出来，如图 4-17 所示，现在原图人物的脸上盖上了一层蒙版。

图 4-16　上传原图

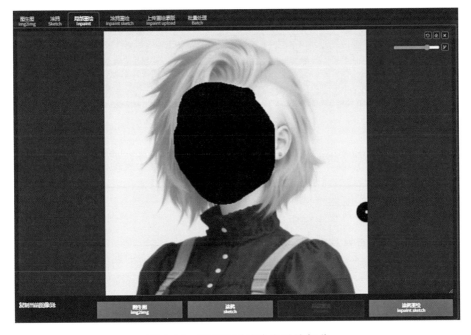

图 4-17　用画笔工具涂出重绘部分

接着进行基本参数的设置。与绘图功能相比，局部重绘多了一些新的关于蒙版的参数，如图 4-18 所示。

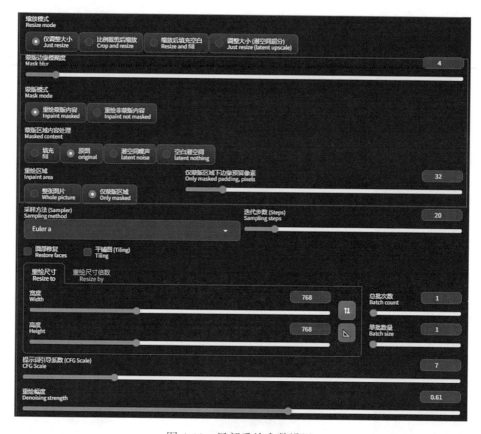

图 4-18   局部重绘参数设置

我们的需求是用局部重绘为原图中人物换脸，所以这些蒙版参数可以按照下面的方式进行设置。

- 蒙版边缘模糊度保持默认值。
- 蒙版模式选择"重绘蒙版内容"。
- 蒙版区域内容处理选择"原图"。
- 重绘区域选择"仅蒙版区域"。同时，仅蒙版区域下边缘预留像素保持默认值。

注意，使用该功能时仍需要配合文本描述。比如，我们想使人物的脸换一种风格来呈现，原图是一张酷酷的脸，而生成图想要一张可爱风格的脸，那么提示词就可以使用类似于"1cute girl"的内容。

基于上述操作，单击"生成"按钮，得到的生成图的效果如图 4-19 所示。

与原图相比，新创作出来的图像人物确实变得更加可爱了。这就是局部重绘功能的作用——帮助用户进行局部内容的修改和创新。

在上面的功能测试中，局部重绘功能下出现了一些关于蒙版内容的参数设置选项，那这些参数分别代表什么意义、具有什么作用呢？接下来我们重点掌握局部重绘的参数设置。

图 4-19　局部重绘功能的生成图效果

4.3.2　蒙版边缘模糊度

蒙版边缘模糊度是一个控制涂抹区域的边缘模糊程度的参数，在 0 ～ 64 的范围内进行调节。它的作用就是将我们涂抹的区域从边缘向中间进行透明过渡。具体来说，通过该参数的设置可以使涂抹区域的边缘逐渐变得模糊，从而使得涂抹区域与周围的背景实现自然过渡。如果蒙版边缘模糊度的值过小，那么涂抹区域的边缘会显得比较锐利，从而使得涂抹区域与周围背景之间的过渡不够自然；如果蒙版边缘模糊度的值过大，那么涂抹区域的边缘会显得比较模糊，从而丢失部分图像信息。而合适的蒙版边缘模糊度能够使图像看起来更真实和自然。一般情况我们都会对该项选择默认值，在前面测试的案例中选择的就是默认值。

4.3.3　蒙版模式

蒙版模式包括重绘蒙版内容（Inpaint masked）和重绘非蒙版内容（Inpaint not masked）两种。

1. 重绘蒙版内容

使用重绘蒙版内容模式时，可以使用蒙版绘图工具在图片上进行涂鸦，然后选择需要重绘的蒙版区域，模型会根据用户输入的提示词来重新生成蒙版区域的图像。蒙版区域是指用户定义的需要重绘的区域，图片中的非蒙版区域不会进行重绘。这种模式一般用于用户需要对图片进行涂鸦或颜色填充但希望保持原始图片的某些内容不改变的场景。

在前面的案例中我们选择的就是重绘蒙版内容，再回顾一下图 4-19 的效果。我们发现，被重新绘制的部分就是被蒙版盖住的部分，而蒙版以外的部分是没有任何改变的，这就是重绘蒙版内容模式的效果。

2. 重绘非蒙版内容

相反，使用重绘非蒙版内容的模式，就是对没有被蒙版盖起来的部分进行重绘。还是看上面的案例，我们把蒙版模式换成重绘非蒙版内容，生成图又会是怎样的效果呢？如图 4-20 所示。

选择重绘非蒙版内容后，生成图与原图相比只有脸部没有变，也就是说只有被蒙版盖起来的地方没有改变，而没有被蒙版盖起来的地方，如头发、衣服等，都已经不是原来的样子了，这就是重绘非蒙版内容模式的效果。

4.3.4　蒙版区域内容处理

蒙版区域内容处理（Masked content）包括填充、原图、潜空间噪声、空白潜空间 4 个选项。

蒙版区域内容处理可以看作一种在使用深度学习模型生成图片之前的预处

图 4-20　重绘非蒙版内容的效果

理操作。在这种模式下，用户可以使用涂鸦蒙版工具来定义需要被保留或者被替换的区域，从而影响最终深度学习模型的输入。

我们下面通过案例看看模型在这 4 种模式下分别在蒙版区域内填充了什么内容，以及如何一步步进行重绘。

（1）填充

继续以前面案例中的原图为例。我们要对比的是被蒙版蒙住的部分，所以对"蒙版模式"选择"重绘蒙版内容"，对"蒙版区域内容处理"选择"填充"，对"重绘区域"选择"整张图片"，其他参数保持默认。注意，重绘幅度的设置至关重要，它控制着被重绘部分的改变程度。为了便于比较和观察，这里我们用"脚本"选项中的"X/Y/Z plot"进行不同重绘幅度值的效果对比，如图 4-21 所示。

图 4-21　选择 X/Y/Z plot

单击"生成"按钮，效果如图 4-22 所示。

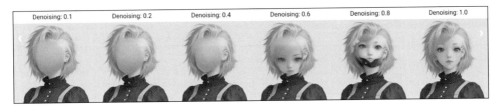

图 4-22　填充的生成效果

我们看到，选择填充后，模型先将蒙版蒙住的区域用灰色噪点进行填充，再对灰色噪点部分的内容进行去噪、重绘，得到最终的生成图。

（2）原图

对"蒙版区域内容处理"选择"原图"，单击"生成"按钮，效果如图 4-23 所示。

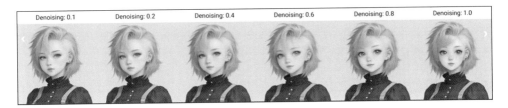

图 4-23　原图的生成效果

在这种情况下，深度学习模型的输入信息就是原始图片本身，模型会尽量保留原始图片的内在信息和风格，做出与原图相差不大的改变。所以不管重绘幅度设为多少，模型都会在原图的基础上对蒙版区域进行重绘，并且最终效果会和原图十分接近。基于该特点，实际应用中一般都会选择原图模式进行图像生成。

（3）潜空间噪声

对"蒙版区域内容处理"选择"潜空间噪声"，单击"生成"按钮，效果如图 4-24 所示。

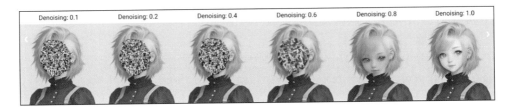

图 4-24　潜空间噪声的生成效果

模型会将蒙版蒙住的部分用彩色噪点进行填充，再一步步去除噪点。潜空间噪声的作用是根据彩色噪点部分的内容进行重新绘制，得到最终的生成图。

（4）空白潜空间

对"蒙版区域内容处理"选择"空白潜空间"，单击"生成"按钮，效果如图 4-25 所示。

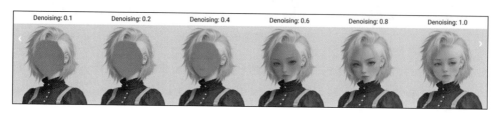

图 4-25　空白潜空间的生成效果

对于该模式名称，可以将"空白"的意思理解为数值 0。在数值为 0 的情况下，模型会将蒙版区域用棕色噪点覆盖，再对棕色噪点部分的内容一步步进行去噪并重绘。对于新手来说，潜空间的原理可能很难理解，只要能够熟练掌握填充和原图两种模式的用法就可以了。

4.3.5　重绘区域

重绘区域主要包括整张图片（Whole picture）和仅蒙版区域（Only masked）两个选项，如图 4-26 所示。

图 4-26　重绘区域

（1）整张图片

选择"整张图片"即意味着全图重绘。在这种模式下，深度学习模型会重新生成整张图片，覆盖蒙版区域及非蒙版区域的所有内容。

（2）仅蒙版区域

选择"仅蒙版区域"指的是深度学习模型只会对蒙版区域重新生成，这样就可以避免新增细节过多，并保持原图中非蒙版区域不受影响，从而使生成图像更好地与原始图像融合。

在使用仅蒙版区域的模式时，为了避免生成的图片与原始图片融合得不自然，可以考虑为蒙版区域的边缘预留一些像素，即设置"仅蒙版区域下边缘预留像素"，从而使得蒙版区域的边缘能够自然过渡到非蒙版区域。

4.4　局部重绘（手涂蒙版）

在局部重绘（手涂蒙版）功能中，用户可以自定义蒙版的颜色。相比于局部重绘功能，该功能为用户提供了更大的灵活性，其界面如图 4-27 所示。

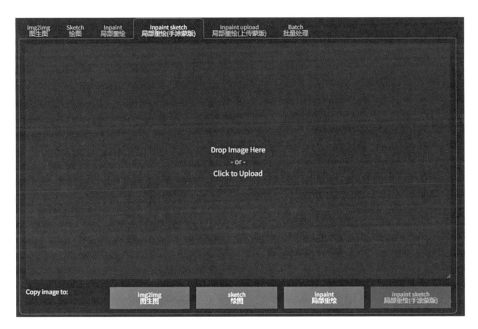

图 4-27　局部重绘（手涂蒙版）功能界面

4.4.1　局部重绘（手涂蒙版）实操

前面介绍到，在图生图的应用场景中能够使用绘图功能进行颜色涂鸦。在绘图功能的案例中，我们成功地让原图中的人物根据涂鸦内容换了一套符合预期的衣服，但除了涂鸦的部分以外，图中其他部分也多少发生了改变，并且绘图功能下没有多少可设置的参数。而局部重绘（手涂蒙版）功能拥有更多的参数，可以实现更精准的控制，从而只改变蒙版部分的内容，使生成效果更加精细化。

举个例子。首先将原图拖进局部重绘（手涂蒙版）功能界面的图片入口处。图片上传成功后，界面右上角也会出现与绘图功能一样的小工具，如图 4-28 所示。

图 4-28　原图上传

　　调节好画笔大小和画笔颜色后，我们尝试为原图中的模特换一条裙子。对此，可以先根据自己的想象随意涂鸦，如图 4-29 所示。需要注意的是，与局部重绘功能中所使用的黑色画笔不同，在手涂蒙版功能中蒙版的颜色会影响生成图，重绘的效果会往选择的颜色上靠拢，因此建议选择与原图风格比较搭配的颜色进行涂鸦。

图 4-29　涂鸦

在使用局部重绘（手涂蒙版）功能时，也需要结合使用相关提示词。输入关于上述涂鸦的裙子的描述，如 "purple dress, yellow and white stripes"。

然后进行局部重绘（手涂蒙版）的参数设置。与局部重绘功能相比，局部重绘（手涂蒙版）功能下多了一个"蒙版透明度"项，该项可以选择默认值。而对"蒙版模式"选择"重绘蒙版内容"，对"蒙版区域内容处理"选择"原图"，对"重绘区域"选择"仅蒙版区域"，并且将重绘幅度提高到 0.5 以上。此外，其他参数都选择默认值。该功能的参数设置如图 4-30 所示。

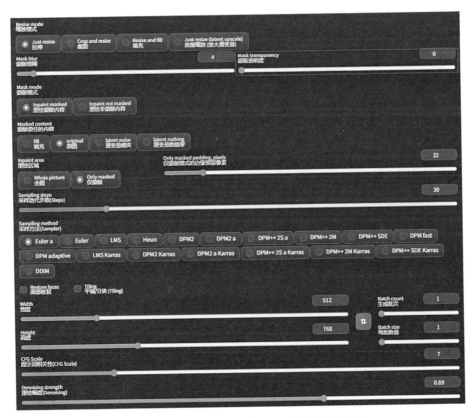

图 4-30　局部重绘（手涂蒙版）功能的参数设置

参数设置完成后单击"生成"按钮，生成图的效果如图 4-31 所示。

从生成图来看，模型根据我们的涂鸦和蒙版信息生成了一张新的图像，其中大部分内容，即蒙版以外的部分，与原图相比是没有改动的。这也体现了该功能与绘图功能的不同之处。在一些商业推广活动中可能需要完成给模特图片换造型之类的操作，类似情况下更推荐使用局部重绘（手涂蒙版）功能。

4.4.2　蒙版透明度

在上述案例中我们需要设置蒙版透明度这个参数。一般情况下，该参数值默认为 0，意思是"不透明"。蒙版透明度的设置是根据蒙版颜色透明的程度进行调节的，最好不要超过 40。透明度值设置越高，模型发挥的空间就越小。若透明度大于 60，预处理就会失去作用。若透明度直接设为 100，那就相当于没有使用蒙版，此时软件就会报错。我们把蒙版透明度设置为 39，简单看下效果，如图 4-32 所示。

图 4-31　局部重绘（手涂蒙版）功能的
　　　　　生成效果

图 4-32　蒙版透明度为 39 时的图片
　　　　　生成效果

4.5　局部重绘（上传蒙版）

局部重绘（上传蒙版）功能与局部重绘（手涂蒙版）的操作类似，主要区别在于在使用前者时需要借助其他工具（如 Photoshop）预先对上传的蒙版进行处理，以更加精确地控制涂抹的目标。

局部重绘（上传蒙版）的功能界面如图 4-33 所示。

局部重绘（上传蒙版）功能界面中的图片入口有两个，处于上面位置的是原图入口，处于下面位置的是蒙版图片入口。举个例子：给图片中的模特更换衣服款式。将原始的模特图片拖进上面的图片入口，如图 4-34 所示。

图 4-33　局部重绘（上传蒙版）功能界面

图 4-34　原图上传

图片中模特的着装为上衣＋短裙，假设我们需要帮她换成连衣裙，该怎么做？首先，要把衣服做成蒙版图片，这就需要用到 Photoshop。

先打开 Photoshop，如图 4-35 所示。

图 4-35　打开 Photoshop

再将原图拖入 Photoshop 中，如图 4-36 所示。

图 4-36　将原图拖入 Photoshop

在左侧工具栏中找到"套索"工具，利用该工具沿着图中模特的衣服边缘进行抠图，如图 4-37 所示。

图 4-37　抠图

抠图完成后，对应圈出的区域将会自动选中，变成选区。接着新建一个图层，单击该新图层，然后从左侧工具栏中找到"填充"工具，将颜色设置为黑色，并对选区进行黑色填充。填充后的效果如图 4-38 所示。

图 4-38　填充效果

隐藏原图图层，保留黑色填充区域，即裙子蒙版。保存裙子的蒙版图片，如图 4-39 所示。

再将蒙版图片在局部重绘（上传蒙版）的功能界面进行上传，如图 4-40 所示。

图片上传后，就需要在文本描述中写入相应的提示词。假如我们只需要将原本的衣服换成连衣裙，那么就可以简单地将提示词设为"high quality, masterpiece, 8k, high definition, fashion, 1girl, dress"等。

图 4-39　裙子蒙版图片

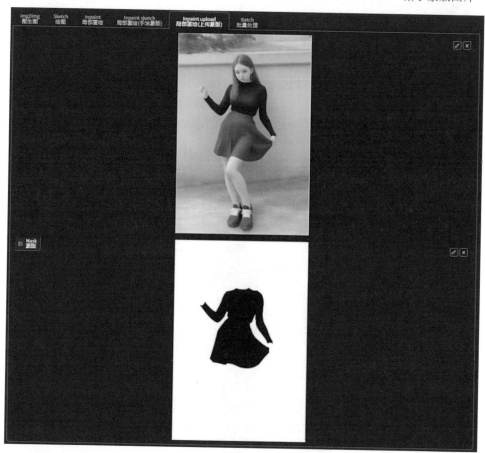

图 4-40　蒙版图片上传

而后续的参数设置也很重要，这里要注意的是蒙版模式。由于 Photoshop 做出来的蒙版图片是黑色的，而模型会将黑色以外的区域看作蒙版内容，这正好与我们想要重绘和保留的范围相反。所以对于蒙版模式，我们要选择"重绘非蒙版内容"，这样才能对衣服的部分进行重绘。如果选择"重绘蒙版内容"，那么就会对除衣服以外的内容进行重绘。其他参数保持默认即可，软件可以根据自己的需求进行调节，如图 4-41 所示。

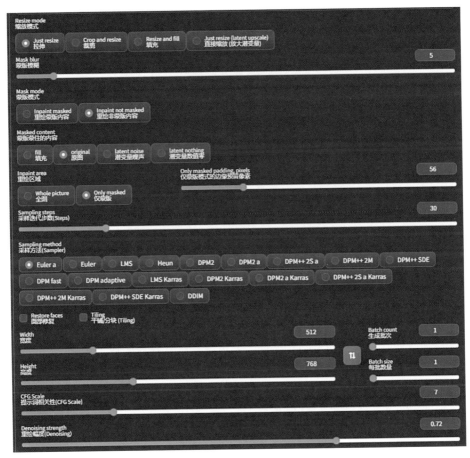

图 4-41　局部重绘（上传蒙版）参数设置

参数设置好后单击"生成"按钮，生成图的效果如图 4-42 所示。

从图中模特的动作及衣服的细节来看，局部重绘（上传蒙版）功能可以根据上传的蒙版来对图像进行局部修改，这样可以更加精准地更换局部内容，同时保留原图中的其他细节。这种技术已经被广泛用于虚拟试衣等场景中。但需要注意的是，该功能的使用效果可能会受到图像分辨率和质量的影响。

图 4-42　局部重绘（上传蒙版）生成效果

4.6　批量处理

假如我们有 100 张模特图片，都需要更换衣服款式，应该怎么处理？难道我们要一张张地将图片上传再生成吗？批量处理功能能够帮我们解决这类问题。利用该功能，用户可以一次性上传多张图片并进行批量处理，从而提高生产效率。批量处理功能的界面如图 4-43 所示。

其中，"输入目录"是指原图所在的文件夹；"输出目录"是指放置生成图片的文件夹；Controlnet input directory（蒙版输入目录）是指蒙版图片所在的文件夹。在进行批量处理之前，需要先将图片文件夹整理好。

注意，原图文件夹内的文件名称要与蒙版文件夹中的文件名称一一对应，否则会影响出图，如图 4-44、图 4-45 所示。

其他参数设置与局部重绘（上传蒙版）功能的一样。输入相应的提示词，提高重绘幅度，如图 4-46 所示。

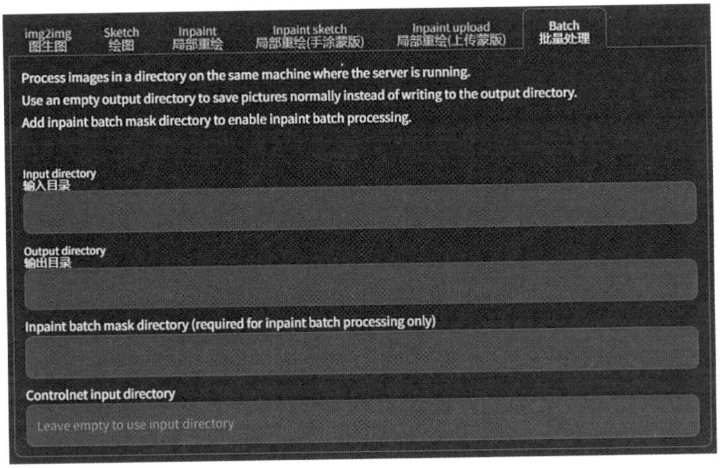

图 4-43　批量处理功能界面

图 4-44　原图文件名

图 4-45　蒙版文件名

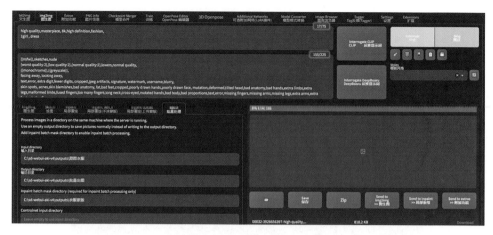

图 4-46　批量处理的参数设置

单击"生成"按钮，生成图片会直接存放在之前设置的输出目录指向的文件夹内，如图 4-47 所示。

图 4-47　生成图片存放位置

在需要对图片进行批量更改的时候，利用此功能，我们可以显著提高效率、节省时间。

结束整个 Stable Diffusion 图生图模块的学习后，我们发现绘图、局部重绘（手涂蒙版）、局部重绘（上传蒙版）、批量处理这 4 个功能可以总结为局部重绘这个功能的几种应用特例。局部重绘加上绘图就是局部重绘（手涂蒙版）功能，局部重绘加上 Photoshop 就是局部重绘（上传蒙版）功能，局部重绘加上文件夹处理就是批量处理功能。

第 5 章

脚　本

Stable Diffusion 的脚本功能模块主要包括 X/Y/Z plot、提示词矩阵、批量载入提示词 3 大功能。在脚本的辅助下，用户得以进行更多样化的批量操作，提高生成图像的效率和质量。

5.1　X/Y/Z plot

在 X/Y/Z plot 下，我们可以看到不同的迭代步数、采样方法、风格等参数设置下的对比图。X/Y/Z plot 的设置界面如图 5-1 所示。

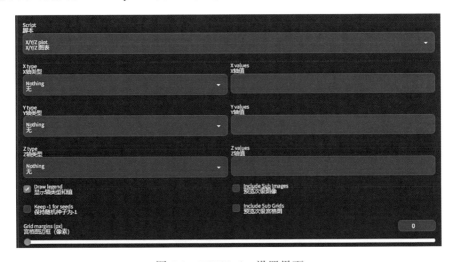

图 5-1　X/Y/Z plot 设置界面

5.1.1　轴类型和值

X/Y/Z plot 分为 3 种轴类型，X 轴类型、Y 轴类型和 Z 轴类型，分别对应着 X 轴值、Y 轴值和 Z 轴值，而每个轴类型下都有 20 多个选项，如图 5-2 所示。

1. X 轴设置

以 X 轴类型的迭代步数选项设置为例，假设要对比"抱着猫的女孩"在不同的迭代步数下的出图效果。首先输入相关提示词"1 girl holding a cat"，再找到脚本功能下的 X/Y/Z plot，在其中的 X 轴类型中找到"采样迭代步数"，写下相应的迭代步数数值，如图 5-3 所示。

其他参数保持默认。单击"生成"，如图 5-4 所示。

从对比图中可以清晰地观察到，当迭代步数为 1 的时候，主体人物还没有清晰的呈现，只有模糊的轮廓；第 3 步的时候已经描绘出大致人形，但是细节部分没有画好；等到第 5 步的时候，人物面部已经清晰，但是手部及猫的细节

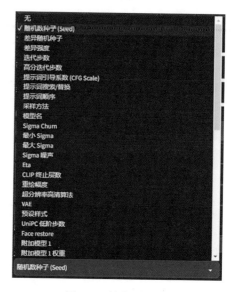

图 5-2　轴类型选项

处理还有点粗糙；再往后到第 10 步、第 20 步的时候，画面主体更加清晰，细节处理也越来越精细。所以说，迭代步数就相当于控制模型在图像上绘画了多少笔，步数越多，画的内容就越多。

图 5-3　设置 X 轴类型的迭代步数

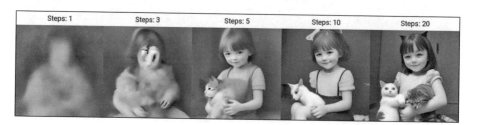

图 5-4　不同的 X 轴类型迭代步数的生成效果对比

　　由于迭代步数的数值比较多，在设置 X 轴类型的迭代步数时可以套用一些书写公式，这样就不用烦琐地一一将数值填写进去了。

2. 迭代步数的简写公式

（1）每张图增加 1 步

　　例如，我们想看到在第 10、11、12、13、14、15、16、17、18、19 步时生成的一个女孩形象的效果图（或者更多其他步数下的效果图），就可以直接将该参数值简写为"10-19"，表示对应的取值区间，如图 5-5 所示。单击"生成"，效果图如图 5-6 所示。

图 5-5　设置迭代步数的数值

图 5-6　第 10 ～ 19 步时的效果图对比

（2）每张图增加或减少 N 步

　　例如，我们想看到在第 1、4、7、10 步时生成的一个男孩形象的效果图，即每张图出图时有 3 步间隔，则可以将步数取值直接简写为"1-10（+3）"的形式，如图 5-7 所示。这表示在第 1 步到第 10 步的范围内，每张图出图时增加 3 步。单击"生成"，图片效果如图 5-8 所示。

图 5-7　设置迭代步数的数值

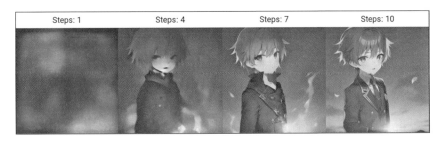

图 5-8　第 1、4、7、10 步时的效果图对比

例如，我们想看到一只狐狸形象在第 10、8、6 步时的图片生成效果，也就是在第 10 步到第 6 步的区间内，每张图都减少 2 步，则可以将步数取值直接简写为 "10-6（-2）"。单击 "生成"，效果图如图 5-9 所示。

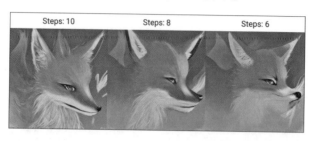

图 5-9　第 10、8、6 步时的效果图对比

在这个公式中，增加或减少的步数可以是任意值，可以随需要进行调整。

（3）规定步数范围内出 N 张图（平均）

这个公式适用于需要在一定步数范围内以稳定的步数间隔均匀出图，即对步数平均分的情况。例如，我们需要在第 3、7、11 步出图，则可以将步数取值简写为 "3-11〔3〕"，表示在第 3 步到第 11 步的范围内，以均匀的步数间隔出 3 张图，如图 5-10 所示。生成效果如图 5-11 所示。

图 5-10　设置迭代步数的数值

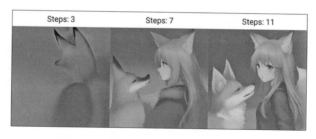

图 5-11　第 3、7、11 步的效果图对比

显然，〔 〕中的数值可以表示将步数区间进行几等分。

采用这些简写公式，我们就不用输入大量数值了，大大提高了出图效率。

3. "X 轴 +Y 轴" 设置

Y 轴类型与 X 轴类型的选项设置是一样的，如果继续选用 Y 轴类型下的选项，就会为效果图增加了一个对比维度。

　　例如，增加一个采样方法的对比项，单击位于 Y 轴值右侧的黄色方块按钮，以将所有采样方法进行复制并填入对应的 Y 轴值输入框中，再根据自己的需求进行筛选即可，如图 5-12 所示。

图 5-12　增加 Y 轴类型的采样方法选项

单击"生成"，效果图如图 5-13 所示。

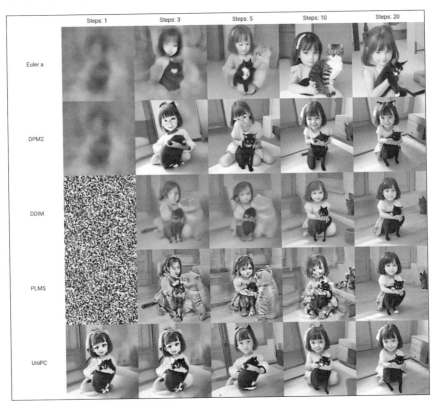

图 5-13　"X 轴 +Y 轴"的选项设置的效果图

　　在这组效果图中，我们可以清晰、直接地看到不同的采样方法及采样迭代步数下的不同生成效果。

4.“X 轴 +Y 轴 +Z 轴”设置

还有一个 Z 轴类型，其选项和 X 轴、Y 轴一样。如果同时选择 3 个轴类型下的选项，那么生成图将会呈现怎样的对比效果呢？

以 Z 轴类型的模型对比选项为例。在上述设置中增加如图 5-14 所示的设置，以增加该选项的对比效果。

图 5-14　增加 Z 轴类型的模型对比选项

单击“生成”，如图 5-15 所示。

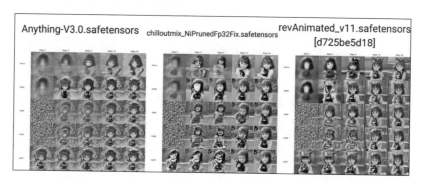

图 5-15　“X 轴 +Y 轴 +Z 轴”的选项设置的效果图

可以看到，除了采样迭代步数和采样方法，还增加了采用不同模型时的出图效果对比。通过这种对比，我们可以更方便地明确要选择什么模型、使用什么采样方法、设置多少迭代步数。

5.1.2　参数设置

下面来看几个前文未涉及的设置参数，如图 5-16 所示。

图 5-16　其他设置参数示例

这几个设置参数的作用如下所示。

- "显示轴类型和值",一定要选中该项,否则我们就不会知道对比图中的行和列分别代表什么选项。
- "保持随机种子为 –1",不建议选中该项。
- "预览次级图像",可按需决定是否选中该项。若选中该项,则会将对比图拆分,并将每一格中所有的单张图片独立呈现出来。
- "预览次级宫格图",可按需决定是否选中该项。次级宫格图是指沿 Z 轴生成的一系列组合图。
- "宫格图边框(像素)",可按需决定是否选中该项。若选中该项,则生成图将加上边框,该项设置值的大小会决定边框的粗细。

5.2 提示词矩阵

提示词矩阵一般会用于对比将不同元素作为提示词时生成图的区别。比如,当我们不能确定用什么光线、什么风格去把一个画面主体呈现出来的时候,就可以用提示词矩阵功能进行效果对比。

5.2.1 语法

首先要掌握提示词矩阵的书写格式:固定的主体 | 变量 1| 变量 2……

比如,我们需要以"一篮水果放在桌子上"为主题制作一组不同画风的对比图。写入的提示词矩阵为" a basket of fruits is placed on the table|Oil Painting|watercolor painting|line drawing"。其中"|"作为分隔符,前面填写关于主体的内容,而该主体是固定不变的;后面填写变量,变量可以有一个或者多个,每个变量之间也用"|"分隔。

5.2.2 参数设置

相关参数设置如图 5-17 所示。

- "把可变部分放在提示词文本的开头处",一般不选。如果选择该项,则主体部分变为变量,变量变为定量。
- "为每张图片使用不同随机种子",一般不选。如果选择该项,则种子都是随机种子;如果不选,则种子都是固定种子。
- "选择提示词",有"正面"和"反面"两种类型,分别代表前面所讲的正向提示词和反向提示词,可以按照我们的实际需求来选择。在该案例中,我们选择的是正面类型。
- "选择分隔符",保持默认的"逗号"就可以。

- "宫格图边框（像素）"，表示为生成的对比图加上边框，调整数值即可决定边框的粗细程度。

图 5-17　提示词矩阵参数设置

参数设置好后单击"生成"，效果图如图 5-18 所示。

图 5-18　设置提示词矩阵后的效果图

　　主体部分的提示词将在图片中呈现为固定存在的内容。而例子中的固定主体是"一篮水果放在桌子上"，所以我们会发现每张图片的生成结果中都会包含这一内容。通过提示词矩阵，我们可以很好地对比油画风格、线条感强的风格及油画和线条感相结合的风格的效果图，以更快地选出最合适的画风。

5.3　批量载入提示词

　　假如你是一名设计师，需要为客户制作 100 张图，并且当天就要交图，如何在保证出图质量的情况下加快出图效率呢？此时，你就可以使用批量载入提示词的功能来帮助自己完成这一工作。

批量载入提示词支持同时输入多条提示词及参数内容，不仅能一次生成多张图片，还能够在数量、速度及质量等方面达到相应要求。

批量载入提示词功能有一定的书写要求，如表 5-1 所示。如果不按照书写要求来写，就没办法顺利出图。

表 5-1　批量载入提示词的书写要求

格式要求	每张图片的提示词内容都以"--prompt"作为开头，然后在英文格式的引号内写入提示词，如 --prompt "photo of spring mountains "
	提示词后面若要加上参数内容，就使用"空格"和"--"符号进行分隔，如 --steps 7 --sampler_name "DDIM"
	图片的提示词是以行为单位的，一行提示词对应生成一张图
常用参数	prompt negative _ prompt sd _ model width height sampler index sampler name batch _ size batch count steps cfg _ scale restore faces tiling seed do _ not save _ samples do _ not _ save _ grid outpath　grids styles
举例	--prompt "1girl who dances ballet" --negative_prompt "Deformed limbs, disheveled, yellow " --steps 30 --width 1024 --height 768

举个例子，假如需要同时出 4 张图，如何实现呢？

1）整理对应的提示词内容，如下所示。

```
--prompt"photo of sunrise"
--prompt"photo of sunny" --negative_prompt"orange,pink,red,sea,water,lak
--width 1024--height 768--sampler name"DPM++ 2M Karras"
--steps10--batch_size 2 --cfg_scale 3 --seed 5
--prompt "photo of spring mountains " --steps 7 --sampler_name "DDIM"
--prompt "photo of autumn mountains" --width 1024
```

2）按照书写要求将 4 张图的提示词内容写入或者直接复制到"提示词输入列表"中，如图 5-19 所示。

图 5-19　填入提示词

3）进行参数设置时，对于"每行输入都换一个随机种子"和"每行输入都使用同一个随机种子"的选项，根据需要自行选择。

4）单击"载入提示词"使设置生效，此时上方所有的参数内容及正反向提示词都会被覆盖。

5）单击"生成"，效果图如图 5-20 所示。

图 5-20　批量载入提示词的生成图

使用这种方法进行批量出图的效果和单张出图的质量是一样的。这样我们就不需要一张张地输入提示词并生成图片，能有效提高效率。

附 加 功 能

附加功能一般用于修改已有的或生成后的图像，主要是利用放大算法处理图片的清晰度问题，包括单张图像、批量处理和从目录进行批量处理 3 个主要处理功能，界面如图 6-1 所示。

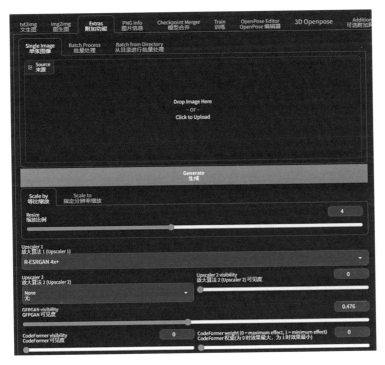

图 6-1　附加功能界面

6.1　单张图像

使用"单张图像"的功能每次只能处理
一张图像。假设你有一张非常经典的高跟鞋的
商品展示图，但是这张图片非常模糊，导致商
品细节看不清楚，如图 6-2 所示。此时，我们
就可以使用单张图像这一后期处理功能来让图
片快速变得清晰起来。

1）将原图拖进单张图像功能界面的"来
源"处，如图 6-3 所示。

图 6-2　模糊的商品图

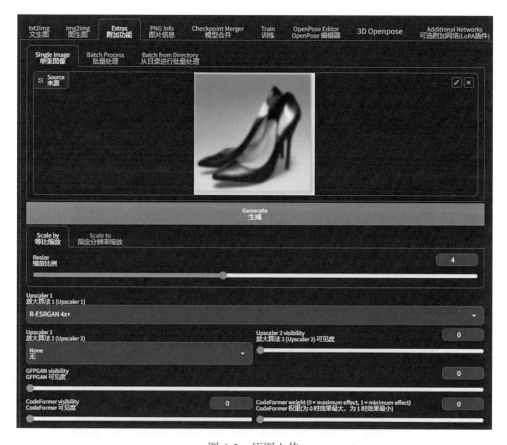

图 6-3　原图上传

2）选择放大算法，调整参数。首先选择"等比缩放"，并使缩放比例默认为

4，然后对放大算法选择"R-ESRGAN 4x+"算法。

　　3）单击"生成"，如图 6-4 所示，商品图立刻变得高清了。

　　这就是单张图像功能的使用步骤。下面重点介绍一些设置参数。

6.1.1　缩放模式

　　（1）缩放比例

　　这个参数用于调节放大倍数。如果原图是 512×512，并且将缩放比例调成 2，那么出图尺寸就会等比放大为 1024×1024。

　　（2）指定分辨率缩放

　　这个参数用于改变出图尺寸，比如把正方形的图变成长方形的图。例如，原图尺寸

图 6-4　单张图像功能的生成效果

是 512×512，指定出图尺寸为 512×768，则生成图片如图 6-5 所示。

图 6-5　指定分辨率缩放

　　（3）裁剪以适应宽高比

　　当输入图片和输出图片比例不相等时，一定要勾选"裁剪以适应宽高比"，不然图片会因拉伸而变形，效果不佳。

　　指定分辨率，并勾选"裁剪以适应宽高比"后，不但生成图片的宽和高会调整为我们想要的样子，而且图片不会变形。

6.1.2　放大算法

　　在下面的参数设置中你会看到这样两个选项：Upscaler 1 和 Upscaler 2。Upscaler 意为"放大算法"，那么，该选项分别对应"放大算法 1""放大算法 2"的含义。在这两个选项下你会看到很多种具体算法，主要包括 Lanczos 算法、Nearest

算法、BSRGAN 算法、ESRGAN_4x 算法、LDSR 算法、R-ESRGAN 4x+ 算法、R-ESRGAN 4x+ Anime6B 算法、ScuNET 算法、ScuNET PSNR 算法、SwinIR_4x（SwinIR 4x）算法，如图 6-6 所示。

图 6-6　放大算法

这些算法的应用效果对比如表 6-1 所示。

表 6-1　各种放大算法的应用效果对比

放大算法类型	应用效果
Lanczos 算法	一种高质量放大算法，可以实现图片无损放大
Nearest 算法	一种很传统的数学原理放大算法，基本不会将图片变得高清，去噪能力比较差，不推荐使用
BSRGAN 算法	在细节处理、放大速度上的表现相对较好，但整体色彩往往不够明亮
ESRGAN_4x 算法	去噪能力不是很好
LDSR 算法	效果一般，不推荐使用
R-ESRGAN 4x+ 算法	最好用的就是这两种算法模型，R-ESRGAN 4x+ 算法在放大三次元图片及现实照片时效果最好；R-ESRGAN 4x+ Anime6B 主要用在放大二次元图片及动漫图片时，此时呈现的效果最好
R-ESRGAN 4x+ Anime6B 算法	
ScuNET 算法	效果都一般，不推荐使用
ScuNET PSNR 算法	
SwinIR_4x(SwinIR 4x) 算法	

以上是各种算法的效果对比的作用，可以作为应用时的参考。实际可以根据自己的需求去逐一尝试，并选择到底用哪种算法。

选择 Upscaler 2 是平衡图片的材质呈现效果，避免过度磨皮的情况出现。例如，对 Upscaler 1 选择了 BSRGAN 算法，结果出图效果不真实、磨皮严重，这时候就可以用 Upscaler 2 来平衡整体效果。在 Upscaler 2 中选择去噪效果较弱的

Lanczos 算法或者 Nearest 算法等，对图片效果进行过渡，对应的可见度值根据需要也再做调整。这里的可见度是指渲染程度。如果将可见度值设置为 0.3，则整张图用到 Upscaler 2 中的 Lanczos 算法时呈现 30% 的渲染程度，其余的 70% 靠 Upscaler 1 中的 BSRGAN 算法来实现。

6.2　批量处理

使用单张图像功能处理的图片数量有限，所以就有了批量处理功能，可以同时处理多张图像，以便减少工作中的重复任务。批量处理功能界面如图 6-7 所示。

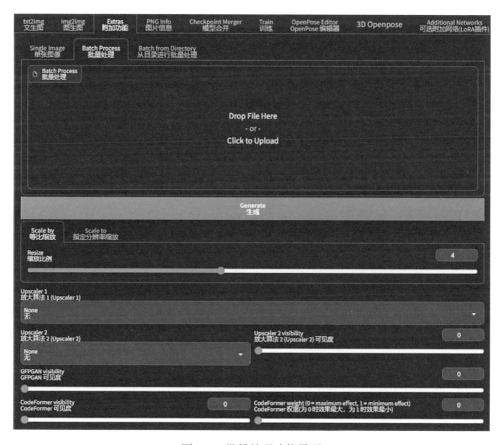

图 6-7　批量处理功能界面

继续以上面高跟鞋的商品图为例。

1）准备好需要放大的所有图片，将其放在同一个文件夹中，然后单击"上传图片"，找到对应的文件夹，从中选择一张或者多张图片，如图 6-8 所示。

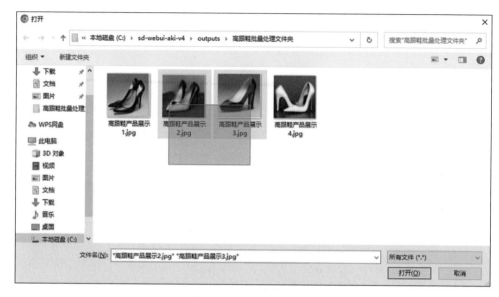

图 6-8　选择上传的图片

2）选中的图片就被上传到了图片入口，如图 6-9 所示。

图 6-9　图片上传

3）设置相应的参数（并不复杂），再单击"生成"，就可以实现批量处理。

6.3　从目录进行批量处理

假如你需要同时处理几百张图，按照上述方式选择图片比较麻烦，这时就可以使用"从目录进行批量处理"的功能，也就是直接处理所选中的文件夹内的所有图像。该功能界面如图 6-10 所示。

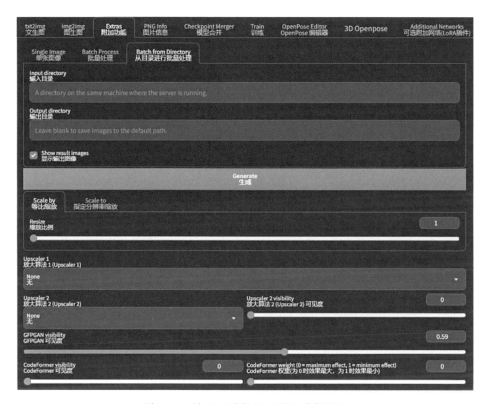

图 6-10　从目录进行批量处理功能界面

- "输入目录"，填写需要处理的图像文件地址。
- "输出目录"，填写修改好的图像文件存放地址。
- "显示输出图像"，默认勾选。如果不勾选，就不能在右侧的生成图区域直接预览出图效果。
- 其他参数设置与单张图像、批量处理功能一样，可根据需要自行设置，如图 6-11 所示。

参数设置好后，单击"生成"就可以了。

6.4　面部马赛克修复还原

此功能常用来修复模糊、损坏、低像素的旧照片，有很好的还原效果。在进行图片形象的面部修复时有两个算法非常重要，一个是 GFPGAN 算法，另一个是 CodeFormer 算法，如图 6-12 所示。

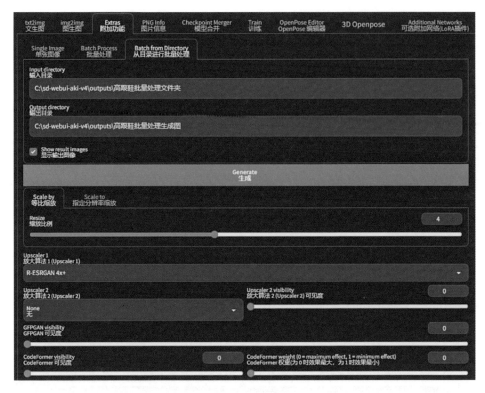

图 6-11　参数设置

图 6-12　GFPGAN 算法和 CodeFormer 算法

下面介绍这两种算法的主要用途和生成效果。

6.4.1　GFPGAN 算法

GFPGAN 算法是专门用来修复面部的。用到这个算法时，先将 Upscaler 1 和 Upscaler 2 处的算法都选择"None"。

假如我们想将下面这张非常模糊的头像用 GFPGAN 算法进行面部修复，如图 6-13 所示。

首先将该图拖进图片入口，然后将"GFPGAN

图 6-13　一张模糊的头像

可见度"的参数值设为最大值 1，将缩放比例设置为 4，再单击"生成"，效果图如图 6-14 所示，模糊的图片立刻变清晰。

6.4.2　CodeFormer 算法

CodeFormer 是一种用于面部重建的算法，它和 GFPGAN 一样，都是用来修复图像中人物面部的。

还是以图 6-13 为例。这一次选择 CodeFormer 算法，单击"生成"，效果图如图 6-15 所示。

图 6-14　使用 GFPGAN 算法的
修复效果

我们对图 6-14 和图 6-15 进行对比，可以发现图 6-14 更加还原了原图人物面貌。相比之下，用 GFPGAN 算法修复后整张图片会更加高清，并且不会改变原图面貌。而仔细看图 6-15，眼睛、嘴巴及皱纹等部分与原图相比还是发生了细微的改变。所以，用 CodeFormer 算法可以对面部进行高清修复，但只保留了面部的细节信息，其他区域仍然是模糊的，并且它会使面部重建，也就是在面部高清修复的同时会更改五官细节。

这两种算法可以同时开启，当 GFPGAN 和 CodeFormer 的参数值都设置为 1 的时候，效果是最好的。而且，在两种算法都开启时，CodeFormer 面部重建所对应的权重值可以调整，权重为 0 的时候该算法的效果最强，权重为 1 的时候效果最弱。

图 6-15　使用 CodeFormer 算法
的修复效果

不过，一般情况下建议使用 GFPGAN 算法，因为它不会对原图的人物面部特征做出改变。

6.5　图片信息提取

在实现文生图或图生图之后，若只保留了生成的图片却忘记了关于图片的提示词和参数设置，或者是在其他网站看到了别人使用 Stable Diffusion 创作的作品，想要参考该图片所使用的提示词内容及参数设置时，则可以使用"图片信息"功能对 png 格式的图片进行提示词及参数设置内容的提取。该功能界面如图 6-16 所示。

图 6-16　图片信息功能界面

如图 6-17 所示，我们将一张图片拖进"图片信息"的功能区域，就能看到该图片的相关信息，包括使用了哪些提示词，其中正向提示词和反向提示词是什么，以及相关的参数（如迭代步数、采样方法、重绘幅度等）如何设置。

图 6-17　图片信息提取示例

在工作中我们常常需要积累一些图片素材，假如你收藏了一些能启发灵感的设计图或者创意十足的产品图，但不知道这些图是如何制作的，那么你就可以通过这种方式来获取图片的信息，方便在需要的时候使用。

6.6　提示词反推

使用 Stable Diffusion 输入提示词生成图片后，如何通过图片来明确它在生成过程中使用的提示词？这就要用到"提示词反推"功能。与图片信息功能相比，提示词反推功能对于文本描述的分析更加具体，但只能对提示词进行提取和分析。它会根据标签置信度来帮助用户掌握模型对于提示词预测的可靠程度。换句话说，通过考虑标签置信度，用户可以更好地理解模型预测结果的准确性，以便根据需要采取相应的行动，比如根据置信度来筛选或调整对模型输入的提示词。

提示词反推功能主要有 3 种应用模式，包括位于图生图功能界面中的 CLIP 反推和 Deepbooru 反推，以及位于主界面中的 Tag 反推。

举个例子，如图 6-18 所示，假如我们需要知道下面这张图片的提示词信息，并模仿生成一张关键元素与之相似的新图像，应该如何实现呢？

1）首先尝试使用 CLIP 反推功能。将需要进行提示词反推的图片载入图生图功能界面中，单击"CLIP 反推"，稍加等待，就会看到推导出来的提示词内容，即"a woman with long black hair and a crop top standing in front of a white wall with a black and orange top"。

你会发现，由 CLIP 反推功能得到的提示词都是句子形式。

2）再试试 Deepbooru 反推功能。同样，直接单击"Deepbooru 反推"，可以得到这样的提示词内容："1girl, solo, long_hair, black_hair, white_skirt, realistic, grey_background, lips, midriff, looking_at_viewer, sleeveless"。

通过 Deepbooru 反推功能得到的提示词内容都是单词形式。

图 6-18　提示词反推示例

3）使用 Tag 反推功能，得到的提示词内容为："1girl, solo, black hair, long hair, black eyes, shadow, skirt, crop top, looking at viewer, lips, midriff, simple background, realistic, white skirt, bare shoulders, sleeveless"。

4）比较看来，提示词为句子要比提示词为单词时提供的信息更加丰富，能描述出画面元素之间的关系。而 3 个结果中，由 Tag 反推得到的提示词要比另外两种更精准。

经过比较，我们决定使用 Tag 反推得到的提示词，将其内容复制进文生图的文本框，最终得到如图 6-19 所示的图像。

可以看到新图像的整体效果也很不错。若我们想模仿参考图生成相似的震撼效果，而不是想在参考图基础上直接进行调整，就可以试试提示词反推功能。

图 6-19　应用反推出的提示词所得到的图像

07

第 7 章
常用插件扩展

在过去的几年里，AI 图像生成技术取得了巨大的进步，但在控制生成过程方面仍然存在一些挑战。传统的生成模型通常难以满足创作者对于生成图像的具体要求，导致生成结果难以预测和控制。ControlNet 的出现填补了这一空白，作为一种功能强大的插件工具，它使创作者们能够更加精确地引导图像生成的过程。

7.1 ControlNet

Stable Diffusion 生成的图像可能存在一些缺陷，例如图像中的某些细节可能过于模糊，或者图像的某些部分可能失真等。为了解决这些问题，可以使用另一个神经网络模型 ControlNet 来进行图像修复。

ControlNet 本身是一种用于图像修复的模型，它可以通过学习图像的结构和特征来自动修复图像中的缺陷。ControlNet 模型的核心思想是利用输入图片中的关键特征来约束生成过程，确保生成的图像在保持稳定性的同时能够满足创作者的意图。ControlNet 模型基于扩散原理，精确利用输入图片中的边缘特征、深度特征以及人体姿势的骨架特征等，引导图像通过稳定扩散生成结果。

总之，通过添加额外的控制条件，使用基于 ControlNet 模型的第三方插件，创作者就可以按照自己的创作思路来引导 Stable Diffusion 生成图像，从而提高 AI 图像生成工具的可控性和精度。在实际应用中，创作者可以使用 Stable Diffusion 初步生成一个图像，该图像可能并不完美，甚至包含缺陷。然后将生成的图像输入到 ControlNet 插件中进行修复。之后可以将修复后的图像再次输入到 Stable Diffusion 中进行迭代，直到生成一个高质量、无缺陷的图像。

需要注意的是，使用时需要对 Stable Diffusion 和 ControlNet 进行合理的参数设置和训练，以确保它们的配合效果能够达到最佳。

7.1.1　ControlNet 的安装

（1）插件安装

打开 Stable Diffusion，单击"扩展"——选择"从网址安装"——在"扩展的 git 仓库网址"处输入网址 https://jihulab.com/hanamizuki/sd-webui-controlnet——单击"安装"，如图 7-1 所示。

图 7-1　安装插件

（2）模型安装

自行在网上下载 ControlNet 的模型文件，通常有两类：一类是 ControlNet 模型文件，文件名以 .pth 结尾；另一类是 YAML 文件，文件名以 .yaml 结尾。将这两类模型文件放入 stable diffusion\extensions\sd-webui-controlnet\models 文件夹内，如图 7-2 所示。

| control_v11e_sd15_ip2p.pth pickle | 1.45 GB LFS |
| control_v11e_sd15_ip2p.yaml | 1.95 kB |

图 7-2　模型文件

（3）重启界面

选择"扩展"——"已安装"——"应用并重启用户界面"，如图 7-3 所示。

之后就可以在 Stable Diffusion 的文生图功能界面中找到 ControlNet 了，如图 7-4 所示。

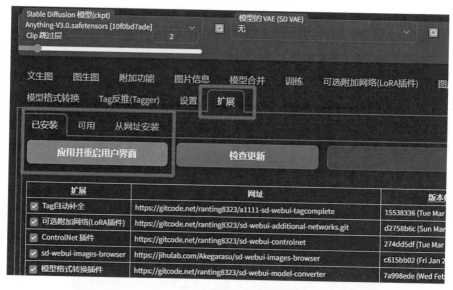

图 7-3　重启界面

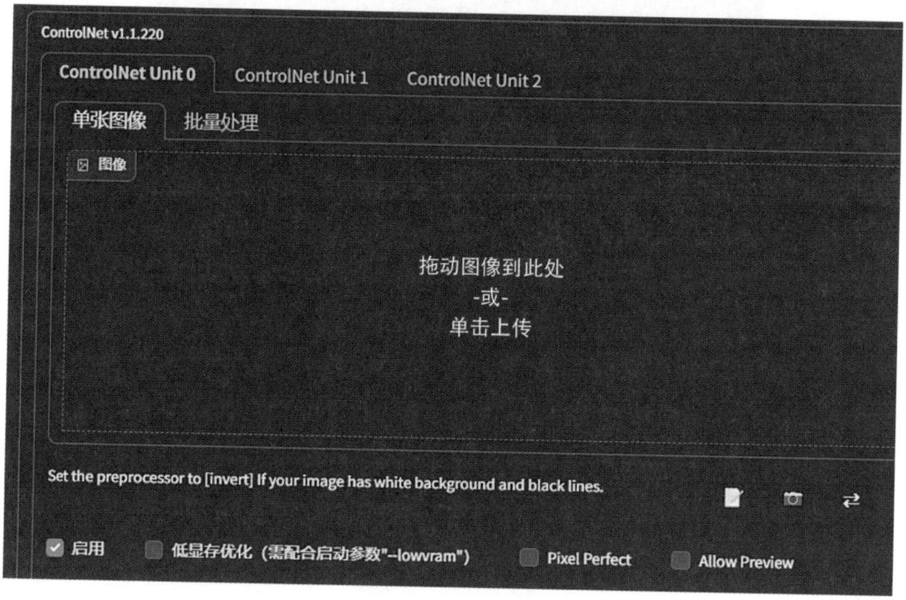

图 7-4　ControlNet 插件安装完成

7.1.2　参数设置

ControlNet 参数设置界面如图 7-5 所示。

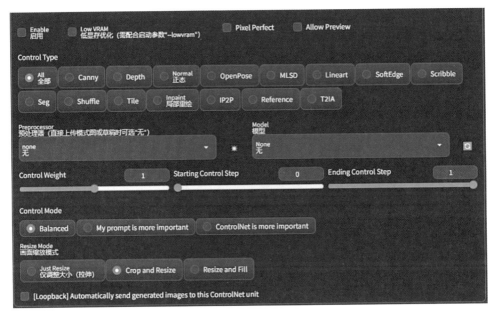

图 7-5　参数设置界面

- 启用：选中该项后，在单击"生成"按钮时，模型才会实时通过 ControlNet 引导图像生成，否则插件不生效。
- 低显存优化：如果设备显卡内存小于 4GB，则建议选择此选项。
- Pixel Perfect（完美像素模式）：勾选该项后，模型将自动匹配最适合的图片像素比例，以确保获得最佳的图片生成效果。
- Allow Preview（允许预览）：选中该项则可以查看经预处理器处理后的图片预览效果。
- 预处理器：该项包含一个下拉列表，用于模型选择，每个模型都有不同的功能。
- 模型：该项所对应的列表用于模型选择，必须与预处理器一项中所选的模型名称一致。如果预处理器与模型不一致，也可以出图，但效果无法预料，通常并不理想。单击该项左侧的爆炸形按钮，可以对预处理图片进行预览，如图 7-6 所示。
- Control Weight（权重）：代表使用 ControlNet 生成图片时 ControlNet 模型的影响程度。如图 7-7 所示，不同权重参数下 ControlNet 对图片的影响不同，权重越高，其影响越大，但权重过高反而会造成不同特征之间的"拉扯"，导致图片中造型（尤其是人像）不协调，所以通常将权重参数设置在 0.6 ～ 1.1。

图 7-6   模型列表

图 7-7   不同权重下的人像效果

- Starting Control Step（开始介入时机）和 Ending Control Step（结束介入时机）：如图 7-8 所示，在 ControlNet 中，Starting Control Step 和 Ending Control Step 这两个参数用于控制 ControlNet 对图像生成的影响程度。默认情况下，Starting Control Step 设置为 0，表示 ControlNet 将从开始生成时就起作用。而 Ending Control Step 设置为 1，表示 ControlNet 将一直影响整个生成过程，直到结束。如果将 Ending Control Step 的值设置为 0 到 1 之间的某个小数，并且将 Starting Control Step 的值略微增大，那么 ControlNet 将在生成过程中逐渐减弱对图像的影响，会赋予模型更多的自由度。这种参数设置可以控制生成图像的特性和样式。具体来说，通过调整 Starting Control Step 和 Ending Control Step，可以在不同的生成阶段进

行不同程度的 ControlNet 控制，从而实现对图像生成过程的精细控制和自
定义。

图 7-8 Starting Control Step 和 Ending Control Step

- Annotator resolution（参数分辨率）：用于调整分辨率，分辨率越低，图片
  效果越差。
- 阈值：如图 7-9 所示，包含 Canny low threshold 和 Canny high threshold 两
  个选项，可以调整生成图对线条或色块的敏感程度，其值越低越细致，其
  值越高越粗糙。

图 7-9 阈值

- 画面缩放模式：保持默认设置即可，它将会自动适配图片，如图 7-10 所示。

图 7-10 画面缩放模式

- 画布宽度和画布高度：如图 7-11 所示，这里的宽度和高度并不是指 Stable
  Diffusion 生成图片的宽与高，而是代表 ControlNet 引导图像时所使用的宽
  高比例。假如你用 Stable Diffusion 生成的图片是 1000×2000 像素的分辨
  率，那么使用 ControlNet 引导图像时，对显存的消耗将是巨大的，所以可
  以将该画布宽度调整为 500，画布高度调整为 1000，也就是按照原本图像
  一半的分辨率尺寸去进行引导，有利于节省显存。

图 7-11 画布宽度和画布高度

7.2　线条约束

7.2.1　Canny：硬边缘检测

在 Control Type（控制类型）中选中 Canny，则下面的模型项会自动匹配为 Canny 模型，如图 7-12 所示。如果没有自动匹配，就需要手动选择。

图 7-12　选择 Canny 模型

Canny 模型的功能是对图片进行边缘检测，以提取元素的线稿。该模型包含两个预处理器：Canny 边缘检测和 invert，如图 7-13 所示。

在 Canny 模型中，invert 预处理器的实现效果可以理解为线条反转。也就是说，ControlNet 能够识别白线条黑背景的线稿图。而我们平时使用及手绘出来的线稿图大多数是黑线条白背景的。

图 7-13　Canny 模型的预处理器

如果直接使用黑线条白背景的线稿图，那么最终生成的图片会出现错误，所以 invert 这个预处理器就是帮助我们将线稿进行反转，使其成为系统可识别的线稿图的，如图 7-14 所示。

Canny 边缘检测的预处理器主要是用来将图片中元素提取为线稿的，我们来看一个案例。

准备一张人物图，如图 7-15 所示。在文生图的功能界面中，我们可以执行以下步骤来优化处理过程。

1）将图片拖动到 ControlNet 中。

2）单击"启用"按钮，并在预处理器和模型的选项中选择 Canny。

3）预览预处理后的图片效果，就可以在右侧区域看到原图中人物的边缘信息被提取出来。这些信息类似于线稿，黑色为背景、白色为线条，如图 7-16 所示。这些边缘信息确定了画面中人物的轮廓特征。

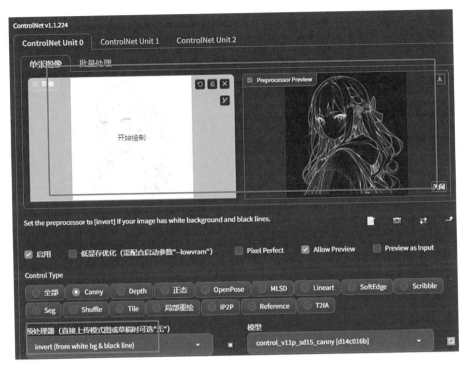

图 7-14　invert 预处理效果

4）接下来基于原图的边缘信息进行图像生成。将 Stable Diffusion 模型选择为 majicmixRealistic_v5，并进行如下所示的提示词设置。

- 提示词：1girl，smile
- 反向提示词：ng_deepnegative_v1_75t, (badhandv4.1.2), (worst quality:2), (low quality:2), (normal quality:2), lowres, bad anatomy, bad hands, ((monochrome)), ((grayscale)) watermark, moles。

5）参数设置如图 7-17 所示。

- 采样迭代步数：40。
- 采样方法：DPM++ SDE Karras。
- 提示词相关性：7。

图 7-15　准备原图

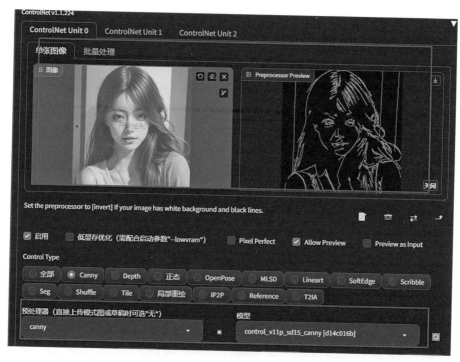

图 7-16　提取原图边缘信息

图 7-17　参数设置界面

6）单击"生成"得到图片，如图 7-18 所示。

Canny 模型是一种能够准确还原元素线条的方法，而填充色块则是根据预处理后的线条生成的。它的主要优点在于能够还原整体细节特征，并且给用户提供

了更多的控制选项。使用 Canny 模型处理后的图像仍然保留了原始图像的一部分
信息，因此生成的图像更加忠实于原始图像的特点。同时，该算法通过边缘检测

保留了原始图像的边缘信息，使得输
出图像具有相似的边缘特征。可以说，
图像的边缘就像是线稿，而 Canny 模
型的作用是将这些线稿渲染成实际的
图像。

7.2.2　SoftEdge：软边缘检测

SoftEdge 模型和 Canny 模型的作
用都是进行图像边缘检测。然而，使
用 Canny 模型的效果类似于用铅笔进
行边缘提取，而 SoftEdge 模型则类似
于用毛笔进行提取。由此可知，使用
SoftEdge 提取出的边缘将更柔和且细

图 7-18　基于原图边缘信息的生成图效果

节更加丰富。如果需要生成具有清晰棱角或机械特征的图片，则建议使用 Canny
模型；而对于需要表现动物毛发等柔和线条及细致纹理的图片，使用 SoftEdge 可
能更合适。

想要使用 SoftEdge 模型时，要在 Control Type 中选择 SoftEdge，而模型也会
自动匹配为 SoftEdge 模型，如图 7-19 所示。

图 7-19　选择 SoftEdge 模型

对于同一幅图，Canny 和 SoftEdge 模型的预处理效果对比如图 7-20 所示。
上面使用了 Canny 模型，下面使用了 SoftEdge 模型。

进一步来看，两种模型的出图效果对比如图 7-21 所示。左图使用了 Canny
模型，右图使用了 SoftEdge 模型，可以看到 SoftEdge 比 Canny 模型的边缘和细
节效果要柔和很多。

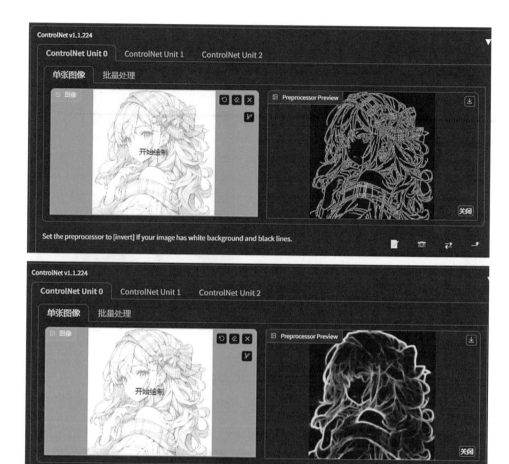

图 7-20　Canny 和 SoftEdge 的预处理效果对比

图 7-21　Canny 和 SoftEdge 模型的出图效果对比

SoftEdge 模型有 4 种预处理器，分别使用了不同的算法，如下所示。

- SoftEdge_hed，使用 hed 算法。
- SoftEdge_hedsafe，使用 hed_safe 算法。
- SoftEdge_pidinet，使用 pidinet 算法。
- SoftEdge_pidisafe，使用 pidinet_safe 算法。

下面是 SoftEdge 4 种预处理器的效果图，如图 7-22 所示。可以观察到 SoftEdge_pidisafe 对图片的细节和边缘的处理要相对"硬"一点（见图 c）；SoftEdge_hedsafe 的处理效果最为柔和（见图 b）；SoftEdge_pidinet 和 SoftEdge_hed 的细节最为丰富，其中 SoftEdge_hed 的处理效果（见图 a）要比 SoftEdge_pidinet（见图 d）更柔和。

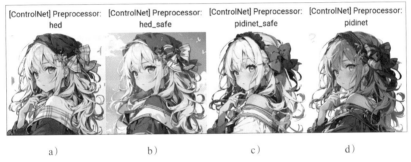

图 7-22　SoftEdge 4 种预处理器的出图效果对比

7.2.3　MLSD：直线检测

MLSD 模型在建筑领域有广泛的应用。只要插入一张建筑图片，它就能够准确地检测出建筑物的结构线条，从而呈现清晰的图像。然而需要注意的是，MLSD 模型只适用于对直线的检测，无法识别和捕捉曲线，因此可能会忽略画面中的人物、动物等元素。

想要使用 MLSD 模型，就要在 Control Type 中选择 MLSD，下面的模型会自动匹配为 MLSD 模型，如图 7-23 所示。

图 7-23　选择 MLSD 模型

现在准备一张建筑图片，如图 7-24 所示。

图 7-24　准备原图

利用 MLSD 模型对原图进行预处理，如图 7-25 所示。

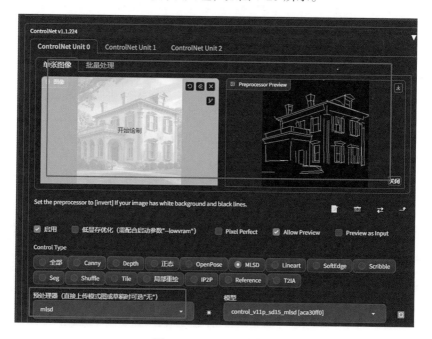

图 7-25　MLSD 预处理

出图效果如图 7-26 所示。

图 7-26　MLSD 模型出图效果

以这种方式处理图片，可以令新图的画面中极好地保留原图中直线线条的特征。如果你是建筑师或室内装修从业者，则可以使用这种方法提取图像特征，再在此基础上生成具有相似特征的新建筑物或场景。

7.2.4　Lineart：线稿提取

Lineart 是在 Canny 模型出现之后才更新的模型，主要应用于线稿生成和线稿上色。与 Canny 相比，它的优势更明显，虽然两模型都是对图像元素的边缘线条提取，但 Lineart 对边缘轮廓的提取更加清晰、有力。仔细观察发现，利用 Canny 模型提取出来的边缘轮廓信息中容易出现双线条的情况，在提取猫咪这样毛茸茸的动物轮廓时，其线条就没有使用 Lineart 模型那么准确和清晰，这会导致上色后边缘效果差。所以，Lineart 模型比 Canny 模型的使用场景更广泛。与 SoftEdge 模型相比，Lincart 模型对生成过程要有更强的约束性。总的来说，Lineart 对边缘轮廓的提取效果要比 Canny 和 SoftEdge 更加优秀。

同样，在 Control Type 中选择 Lineart，下面的模型会自动匹配，如图 7-27 所示。

图 7-27　选择 Lineart 模型

Lineart 模型提取的线稿效果如图 7-28 所示。

图 7-28　Lineart 预处理效果

Lineart 有 5 种预处理器，用于不同的应用场景，如下所示。

- lineart_anime：用于提取动漫线稿。
- lineart_anime_denoise：用于提取动漫线稿并去噪，适合用于希望生成图片具有一定的变化和自由性的场景。
- lineart_coarse：进行粗略线稿提取，用于需要使生成图与原图相比具有更多变化的情况。
- lineart_realistic：用于提取写实线稿。
- lineart_standard：用于标准线稿提取，并使白底黑线反色，这是常规、通用的预处理器。

下面对比不同预处理器的处理效果，如图 7-29 ～图 7-33 所示。

Lineart 模型在不同预处理器下的生成效果对比如图 7-34 所示。

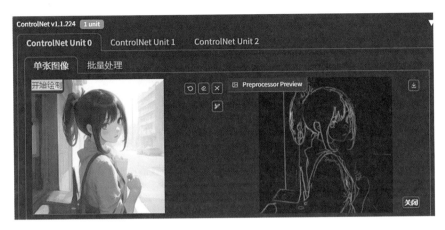

图 7-29　lineart_anime 预处理效果

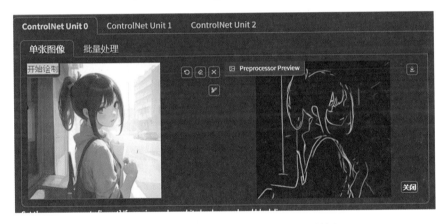

图 7-30　lineart_anime_denoise 预处理效果

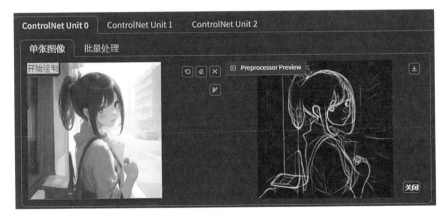

图 7-31　lineart_coarse 预处理效果

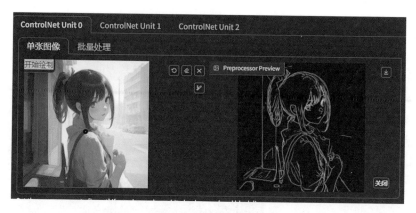

图 7-32　lineart_realistic 预处理效果

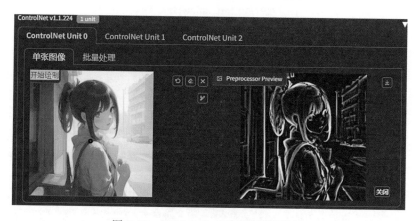

图 7-33　lineart_standard 预处理效果

图 7-34　Lineart 5 种预处理器的出图效果对比

7.2.5　Scribble：涂鸦提取

想要使用 Scribble 模型时，则需要在 Control Type 中选择 Scribble，下面的模型会自动匹配，如图 7-35 所示。

图 7-35　选择 Scribble 模型

使用该模型提取的线条与其他模型相比会更加粗糙，因此画面的发挥空间会更大，如图 7-36 所示。

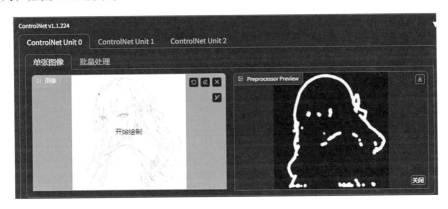

图 7-36　Scribble 预处理效果

该模型出图效果如图 7-37 所示。可以看到，Scribble 模型允许生成算法有更大的发挥空间，所以人物的造型有了更多的变化。在某些需要灵感或者要求不严格的场景中，使用该模型反而能带来意想不到的出色效果。

Scribble 涂鸦模型有如下 3 种预处理器。

- scribble_hed：涂鸦—合成预处理器。
- scribble_pidinet：涂鸦—手绘预处理器。
- scribble_xdog：涂鸦—强化边缘预处理器。

虽然 scribble_hed 与 scribble_pidinet 采用了不同的算法，但其生成效果相似。而scribble_xdog 提取的线条更加精细，效果类似于 Canny 模型，但并不如 Canny 模型表现出色，因此该预处理器并不常用。

图 7-37　Scribble 出图效果

这些预处理器的使用效果分别如图 7-38 ～图 7-40 所示。

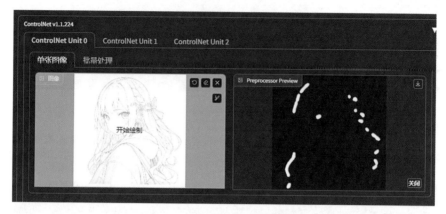

图 7-38   scribble_hed 预处理效果

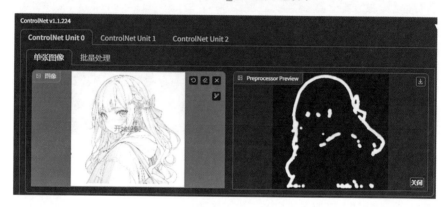

图 7-39   scribble_pidinet 预处理效果

图 7-40   scribble_xdog 预处理效果

Scribble 模型不同预处理器的效果对比如图 7-41 所示。

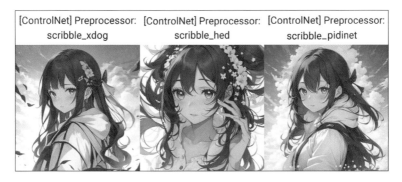

图 7-41　Scribble 3 种预处理器的效果对比

7.3　深度约束

深度约束使用的是 Depth 模型，如图 7-42 所示。

图 7-42　选择 Depth 模型

深度约束的功能可以解决图像中元素前后关系的问题。具体来说，在具有空间感和透视效果的图像中，利用深度约束可以提取深度特征，确定前景和背景之间的关系。

通过对具有透视关系的图像进行深度约束的预处理，我们可以获取该图像的深度特征。这些深度特征在处理具有透视关系图像时提升准确性，帮助我们完成图像分割、目标检测、3D 重建等任务。对于需要考虑空间关系的图像需求，获取深度特征已成为一种高效的预处理方法。

准备一张元素之间有前后关系的图片，如图 7-43 所示。

利用深度约束功能进行预处理，如图 7-44 所示，可以看到画面中元素的前后关系都被识别了出来。

图 7-43　准备原图

图 7-44　深度约束功能预处理

预处理后的生成图效果如图 7-45 所示。

深度约束功能有 4 种深度预处理器，分别为 LeReS depth estimation、depth_leres++、depth_midas 和 depth_zoe。它们之间的区别在于对深度信息和物体边缘信息的提取程度不同。LeReS depth estimation 这一预处理器所呈现的效果较为常规，depth_leres++ 能为图片提供更多细节，depth_midas 可以增强明暗对比度，而depth_zoe 则更加强调主体与背景的对比度。

不同预处理器的预处理效果如图 7-46 ～图 7-49 所示。

图 7-45　深度约束功能的出图效果

图 7-46　LeReS depth estimation 的预处理效果

图 7-47　depth_leres++ 预处理效果

图 7-48   depth_midas 预处理效果

图 7-49   depth_zoe 预处理效果

不同预处理器的出图效果对比如图 7-50 所示。

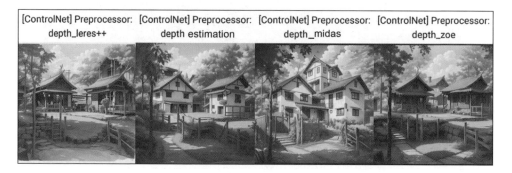

图 7-50   深度约束功能 4 种预处理器的出图效果对比

7.4　法线约束

法线约束是一种能够有效提取物体轮廓特征和表面凹凸信息的方法，对应 Normal 模型。如图 7-51 所示，经过预处理后，我们可以清晰地看到图片的凹凸特征。

图 7-51　法线约束功能的预处理效果

经过处理，生成图片的效果如图 7-52 所示。

法线约束有 2 种预处理器：normal_bae 和 normal_midas。它们所采用的算法不一样。其中 normal_bae 十分常用；而 normal_midas 的预处理效果并不太好，因此不是很常用，以后很可能会被淘汰。

7.5　色彩分布约束

色彩分布约束是指通过对原图中的色块分布进行读取来获取特征信息，从而据此安排生成图片的色彩分布情况，以获得色彩分布大致相似的新图像。色彩分布约束使用的

图 7-52　法线约束功能的出图效果

是 T2IA 模型，所以使用时在 Control Type 中直接选择 T2IA，下面的模型就会自动匹配，如图 7-53 所示。

图 7-53　选择 T2IA 模型

T2IA 模型包括以下 3 种预处理器。

- t2ia_color_grid：自适应色彩像素化处理。
- t2ia_sketch_pidi：自适应手绘边缘处理。
- t2ia_style_clipvision：自适应风格迁移处理。

　　如果需要进行色彩分布约束，就可以选择 t2ia_color_grid 预处理器。经过处理后，可以看出图片的色彩特征被提取出来了，如图 7-54 所示。调整完参数，单击"生成"，即可得到图 7-55。

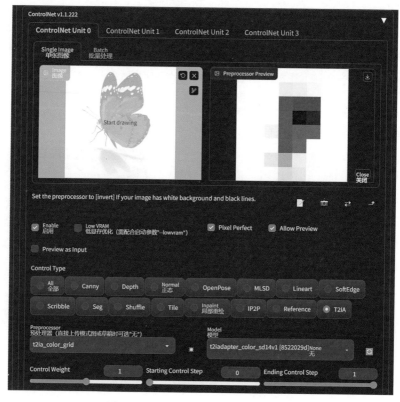

图 7-54　t2ia_color_grid 预处理效果

其他两个预处理器和色彩分布约束无关。t2ia_sketch_pidi 预处理器所提取出来的信息类似于线稿模式，如图 7-56 所示，其应用效果远不如前面讲的 Canny 模型。

t2ia_style_clipvision 预处理器的最初处理目标是把某个图片的风格迁移到生成的图片上，但实际操作下来效果并不理想。因为"风格"是一种抽象的描述，没有量化的标准，所以风格没有办法被程序正确地理解，也就无法被完美复制到另一张图像上。

图 7-55　t2ia_color_grid 出图效果

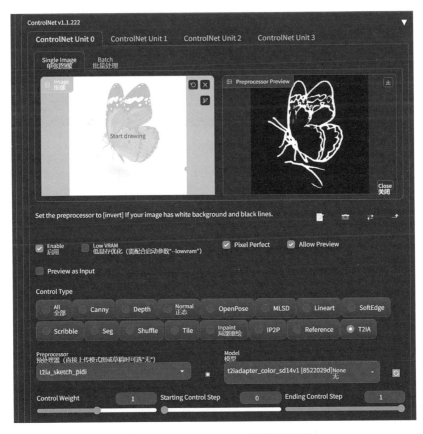

图 7-56　t2ia_sketch_pidi 预处理效果

7.6　姿势约束

在 ControlNet 出现之前，我们可以使用提示词和 LoRA 技术来指定人像姿势，但它们都有一个根本性的缺点，即无法完全掌握其姿势。它们只能大致生成相似姿势，不能完全实现预期。

而 ControlNet 自从 2023 年 3 月更新之后，就迅速在整个 Stable Diffusion 应用圈子中流行起来。ControlNet 利用 OpenPose 模型检测人体关键点（如头部、肩部、手部等）的位置。这对于复制人体姿势非常有用，并且不掺杂服装、发型和背景等无关细节。OpenPose 模型能更准确地识别并确定姿势，使多张图片中人物生成的姿势保持一致。它在许多场景中都得到了广泛应用，如 AI 肖像、产品展示的 AI 模特、多人像的图片、简单的多视图等。

对于姿势约束，选择 OpenPose 模型，如图 7-57 所示。

图 7-57　选择 OpenPose 模型

OpenPose 模型有 5 种预处理器，如下所示。

- openpose：检测眼睛、鼻子、脖子、肩膀、肘部、手腕、膝盖和脚踝等关键点。
- openpose_face：在 openpose 预处理器的能力范围基础上，还能检测面部细节。
- openpose_faceonly：仅检测面部细节。
- openpose_full：除了 openpose 预处理器所覆盖的姿态外，还能检测手部和手指以及面部细节。
- openpose_hand：在 openpose 预处理器的基础上，还能检测手部和手指。

每种预处理器的应用及注意事项均有不同，下面对此进行详细介绍。

7.6.1　openpose：姿势检测预处理器

openpose 预处理器可以从图像中提取人体关键点（如头部、肩膀、腰部和膝盖等身体部位）的位置信息，形成类似于火柴人的姿态图像。通过分析这些关键点的位置和运动，预处理器可以获取人体的姿态信息。而利用这些姿态信息可以精确地指定生成人物的动作，并应用在动作捕捉和人机交互等领域。

openpose 预处理器在处理人物图像时，能够准确捕捉人物的姿态特征，并生成如图 7-58 所示的骨架图，以精细描述姿势。需要注意的是，骨架图中每一节点的颜色并不均匀和对称，在图 7-58 中骨架左边偏黄、右边偏绿。这种不对称的颜色使我们能够清楚地区分人物的正反面。不过该骨架图并不包含完整的信息，因为该预处理器未提取脸部表情和手部特征，这是目前的限制之一。

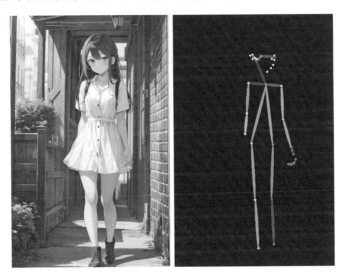

图 7-58　openpose 预处理器捕捉图片中人物姿势

openpose 预处理效果如图 7-59 所示。

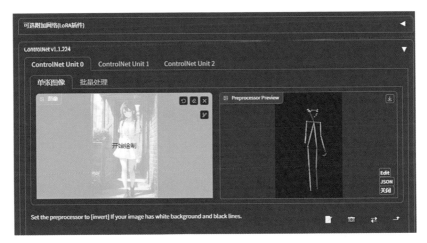

图 7-59　openpose 预处理效果

openpose 生成效果如图 7-60 所示。与原图对比，新图中人物形象虽然细节并不相同，但是姿势却在很大程度上与其相似，并且表现得非常自然。

7.6.2　openpose_hand：姿势和手势检测预处理器

openpose_hand 采用了检测姿势和手势的算法，使用时也会先将原图预处理成骨架图。

我们仍以上一节使用的原图为例。经过 openpose_hand 预处理并重新生成的效果如图 7-61 所示。可以看到，与原图相比，新生成的图片在相当大的程度上还原了手部的动作。

图 7-60　openpose 生成效果　　　　图 7-61　openpose_hand 生成效果

7.6.3　openpose_faceonly：脸部特征检测预处理器

openpose_faceonly 只检测脸部特征，它定位了脸部的方向、五官的分布以及具体脸型。

与前两种预处理器所检测的骨架图不同，openpose_faceonly 的预处理效果如图 7-62 所示，可以看到只检测了脸部特征。

其生成效果如图 7-63 所示，可以看到只有脸部特征被还原，其他内容则发生了随机变化。

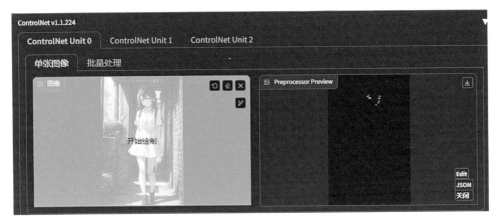

图 7-62　openpose_faceonly 预处理效果

图 7-63　openpose_faceonly 生成效果

7.6.4　openpose_face：姿势和脸部特征检测预处理器

openpose_face 既检测姿势，也检测脸部特征，可以同时在一定程度上还原人物特征、动作骨架和脸部细节。如图 7-64 所示，经过预处理，人物脸部的特征被检测出来了，姿态也得到了还原，但是手部的结构仍然是随机生成的。

openpose_face 生成效果如图 7-65 所示。

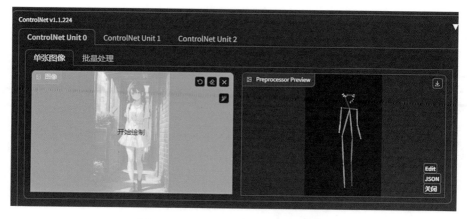

图 7-64　openpose_face 预处理效果

图 7-65　openpose_face 生成效果

7.6.5　openpose_full：姿势、手势和脸部特征检测预处理器

openpose_full 的能力范围包括了对姿态、手部和脸部的检测。如图 7-66 所示，对比可以发现，该预处理器将原图中所能提取的特征都被提取出来了，包括姿势、手部和脸部特征。使用这种方式对原图特征还原得最为准确。

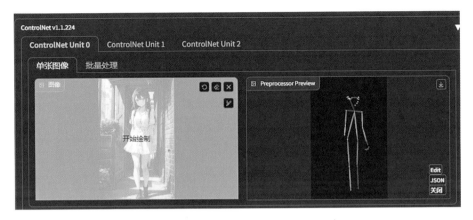

图 7-66 openpose_full 预处理效果

在使用 openpose_full 时，可以按照提取出的骨架图生成具有相似的面部、手部和姿态动作的人物图片，如图 7-67 所示。

图 7-67 openpose_full 生成效果

7.6.6 直接上传姿势图

除了从现有的图片中提取姿势信息以外，另一种方法是直接上传动作特征图进行姿势生成，如图 7-68 所示。这样我们不但能成功生成姿势，而且在姿势选择方面具有极大的灵活性。

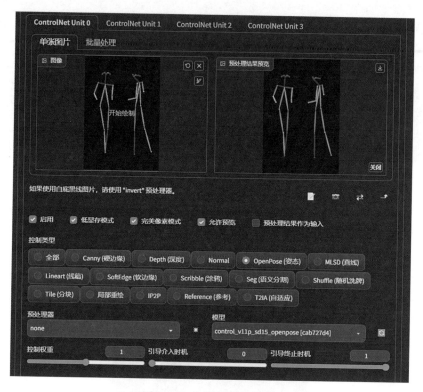

图 7-68　上传动作特征图

在这种方法中，我们先将预处理器设置为"none"（无），表示改变处理方式。

而需要的姿势图则可以在 C 站下载，只需要在筛选方式处选择"poses"，就能获取其他人制作的高质量姿势图，如图 7-69 所示。存储这些姿势图时并不需要准备特定的文件夹或者文件名，其导入过程与前面所讲的原图导入过程一致。

7.6.7　自主生成姿势

实际上，不论从图片中提取姿势还是从网站下载姿势图，都可能无法完全符合我们的预期。有时候，我们根据创意灵感或者业务需求，需要生成一个特定的姿势，这要如何处理呢？

在这种情况下，可以考虑下载两款插件，分别是"OpenPose 编辑器"和"3D Openpose Editor"，如图 7-70 所示。我们可以打开 Stable Diffusion 的扩展功能，并在搜索栏中输入"openpose"，找到并安装这两款插件。

图 7-69　搜索并下载网站上的姿势图

图 7-70　对应的插件

OpenPose 编辑器的功能界面如图 7-71 所示。

- 宽度、高度：决定了特征图的分辨率。
- 添加：可以添加额外的骨架在画面中增加更多人物。如果想在一张图片中展示多个人物，则可以使用此方法。
- 从图像中提取：通常用于对提取的特征图进行微调。在原有的动作特征基础上，通过这种方式可以修改手部或腿部的局部姿态，使提取的特征图更符合我们的需求。

● 添加背景图片：可以使用背景图片作为姿势的参照，以便在该背景图的基础上对骨架姿势进行精细调整。这样，我们可以模仿某个图像中的有趣姿势（即通过将该图像设为背景来调整骨架姿势），或者对特征图进行还原操作。

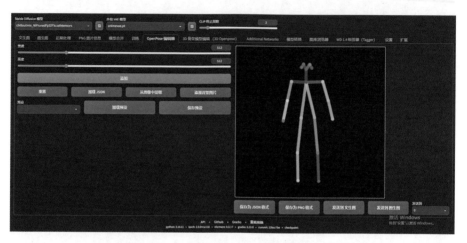

图 7-71　OpenPose 编辑器的功能界面

3D Openpose Editor 的功能界面如图 7-72 所示。通过 3D Openpose Editor，我们可以自由地旋转骨架，并对其进行编辑。

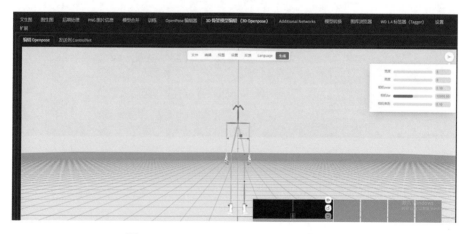

图 7-72　3D Openpose Editor 的功能界面

虽然使用 OpenPose 编辑器可以快速而简洁地编辑自己喜欢的姿势，但是该编辑器存在一个问题，即它的效果是 2D 的，所以在设计立体动作时会面临很大的困难，掌握具体姿势的难度很高。幸运的是，3D Openpose Editor 解决了这个问题。

7.7　内容约束

内容约束使用的是 Seg 模型，如图 7-73 所示。在 ControlNet 中，Seg 模型具有强大的构图能力，可以帮助用户提高构图的可控性。Seg 模型基于语义分割的原理，不论单独使用还是与其他插件搭配，都能有效控制画面的构图。单独使用 Seg 模型时，我们可以控制画面的各个组成部分，包括各物体、人物、背景以及整体布局。当与 Multi control net 和 Latent couple 等功能结合使用时，Seg 的作用则更加强大。

图 7-73　选择 Seg 模型

使用过程中，Seg 模型会在参考图像中标记不同对象，例如建筑物、天空、树木、人和人行道，并为每个对象定义特定的颜色。

下面通过实际操作来理解 Seg 模型的作用与用法。

先导入一张免费的室内设计的素材图，如图 7-74 所示。然后预览 Seg 模型预处理的结果，如图 7-75 所示。接着选择预处理器为 seg_ofade20k。

图 7-74　室内设计素材图

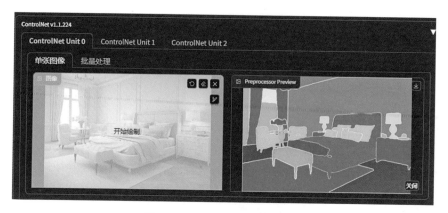

图 7-75　Seg 模型预处理效果

可以看到，经过预处理，图片中的不同部分被标记了不同的颜色。这些颜色并不是随意标记的，而是符合 ADE20K 语义分割数据库的标签规则的，如图 7-76 所示。

building	mountain	seat	sand	bridge	boat	dirt track	canopy	step	traffic light
sky	plant	fence	sink	bookcase	bar	apparel	washer	tank	tray
floor	curtain	desk	skyscraper	blind	arcade machine	pole	plaything	trade name	ashcan
tree	chair	rock	fireplace	coffee table	hovel	land	swimming pool	microwave	fan
ceiling	car	wardrobe	refrigerator	toilet	bus	bannister	stool	pot	pier
road	water	lamp	grandstand	flower	towel	escalator	barrel	animal	crt screen
bed	painting	bathtub	path	book	light	ottoman	basket	bicycle	plate
windowpane	sofa	railing	stairs	hill	truck	bottle	waterfall	lake	monitor
grass	shelf	cushion	runway	bench	tower	buffet	tent	dishwasher	bulletin board
cabinet	house	base	case	countertop	chandelier	poster	bag	screen	shower
sidewalk	sea	box	pool table	stove	awning	stage	minibike	blanket	radiator
person	mirror	column	pillow	palm	streetlight	van	cradle	sculpture	glass
earth	rug	signboard	screen door	kitchen island	booth	ship	oven	hood	clock
door	field	chest of drawers	stairway	computer	television	fountain	ball	sconce	flag

图 7-76　ADE20K 语义分割数据库的标签规则示例

然而需要说明的是，ControlNet WebUI 插件自带的语义识别模型的性能一般，使用它生成的图片的布局不太规整。这里建议大家尝试使用目前最新的语义分割框架 OneFormer，它能够生成高质量的分割图，可以有效地解决这个问题。

OneFormer 获取地址：https://huggingface.co/spaces/shi-labs/OneFormer。

接下来，在没有多余提示词的情况下直接生成图片，结果如图 7-77 所示。可以看到即使没有多余的提示词，房间的布局也被很好地还原出来了，这就是 Seg 模型的作用。

图 7-77　Seg 模型生成效果

Seg 模型包含以下 3 个预处理器，如图 7-78 所示。

- seg_ofade20k：使用 OneFormer 算法在 ADE20K 数据集上训练的分割器。
- seg_ofcoco：使用 OneFormer 算法在 COCO 数据集上训练的分割器。
- seg_ufade20k：使用 UniFormer 算法在 ADE20K 数据集上训练的分割器。

图 7-78　Seg 模型的 3 个预处理器

　　对比发现，基于 ADE20K 和 COCO 分割的颜色图是不同的。seg_ofade20k 能够准确地标记所有内容，如图 7-79 所示；seg_ufade20k 的生成效果有点粗糙，但不会影响最终图像，如图 7-80 所示；seg_ofcoco 与 seg_ofade20k 的表现相似，但会出现一些标签错误，如图 7-81 所示，床与床尾凳被标记成了一种颜色。所以，一般会选择 seg_ofade20k 这一预处理器，准确性更高。

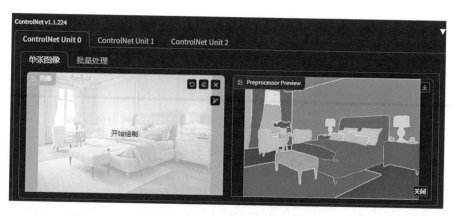

图 7-79   seg_ofade20k 生成效果

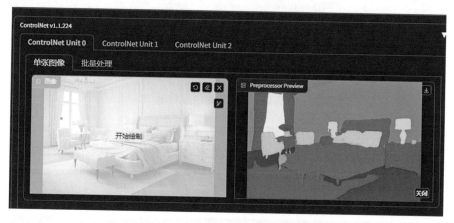

图 7-80   seg_ufade20k 生成效果

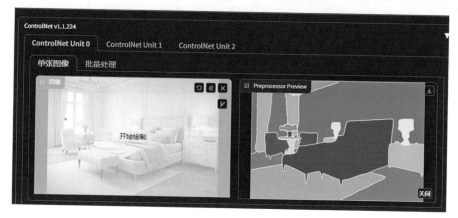

图 7-81   seg_ofcoco 生成效果

7.8　物品类型约束

物品类型约束使用的是 Shuffle 模型，如图 7-82 所示。Shuffle 模型常用于图像重组，例如，通过 Shuffle 模型打乱原图像，再用 Stable Diffusion 重新合成新的图像，则新图像将保留原图的大部分色彩信息。

图 7-82　选择 Shuffle 模型

下面来实践一下。首先将下面的图像嵌入 ControlNet 中，如图 7-83 所示。

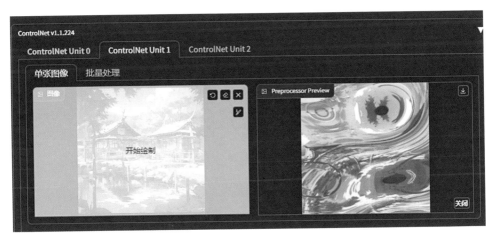

图 7-83　准备原图

经过 Shuffle 模型预处理，我们可以观察到画面内容被重新排列，但颜色信息得到了保留，如图 7-84 所示。

进一步输入提示词："outdoors, no humans, day"。然后，单击"生成"，可得到图 7-85。

我们可以看到，新图片中画面元素已经被重新排列，但仍然保留了原来的风格和颜色。

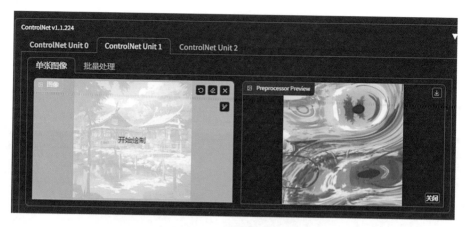

图 7-84　Shuffle 模型预处理

图 7-85　物品类型约束功能的生成效果

7.9　分块重采样

分块重采样使用的是 Tile 模型，如图 7-86 所示，该模型可用于许多领域。

图 7-86　选择 Tile 模型

Tile 模型在图像生成时具有以下两个主要特点。

一是可以忽略图像中原有的细节，并根据提示词生成新的细节。也就是说，模型不会过度依赖或保留原图的细节，而是根据提示词创造出新的视觉信息。

二是如果图片局部区域的内容与提示词不匹配，模型会重视原图的本地视觉内容，而不是全局提示词的描述。这会使得生成图更符合原图的基本结构和样式。

正因为该模型具有忽略现有图像细节的这一特点，所以我们可以使用该模型来删除不理想的旧细节，添加精致的新细节。

首先准备一张细节相对粗糙的图片，如图 7-87 所示。

将该图片嵌入 ControlNet，并用 Tile 模型进行预处理，如图 7-88 所示。

图 7-87　准备原图

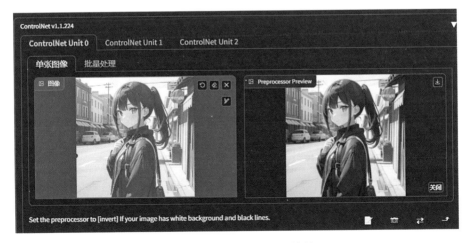

图 7-88　Tile 模型预处理效果

单击"生成"，可得到图 7-89，可以看到新画面的细节变得更加丰富了。

并且，这种处理操作可以循环、反复地进行，以此来不断丰富画面的细节。如图 7-90 所示，经过 3 次 Tile 处理及生成之后，图片的细节变得非常丰富了。

图 7-89 Tile 模型生成效果   图 7-90 经过 3 次 Tile 预处理后的
                                              图片生成效果

7.10 局部重绘

利用局部重绘（Inpaint）模型可以对图像进行修复或者重新绘制。使用时同样在 Conltrol Type 中直接选择，下面的模型选择会自动匹配，如图 7-91 所示。

图 7-91 选择局部重绘模型

导入一张人像到 ControlNet 中，用画笔将人像头部涂抹覆盖，则被涂抹的区域则会进行局部重绘。预览图如图 7-92 所示。

输入提示词："1girl，smile"。然后单击"生成"，可得到图 7-93。可以看到，图片人物中的头部经过了重新绘制，很清晰地表达了提示词的意思。

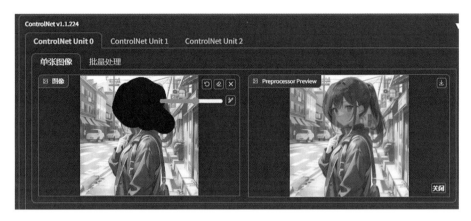

图 7-92 局部重绘的预处理效果

图 7-93 局部重绘的生成效果

7.11 指令修改

指令修改使用的是 IP2P 模型,如图 7-94 所示。通过该模型,可以把某种风格或者元素融合到另一种元素上。

图 7-94 选择 IP2P 模型

我们导入一张房子的图像到 ControlNet 上，如图 7-95 所示。

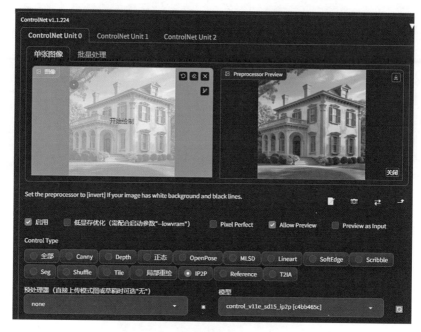

图 7-95　导入原图

输入提示词："make it on fire"。然后单击"生成"，可得到图 7-96，从中可以看到火与房子进行了融合。

图 7-96　IP2P 模型的生成效果

7.12　参数模式

参数模式利用的是 Reference 模型，如图 7-97 所示。利用该模型我们可以提取图像的特征，然后生成主体相似、风格也相似的新图像。

图 7-97　选择 Reference 模型

首先准备一张人物的图像，将其导入 ControlNet，如图 7-98 所示。

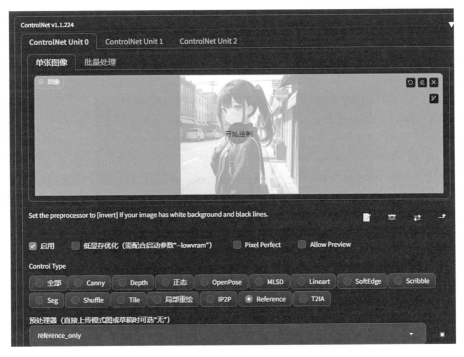

图 7-98　导入原图

输入提示词："1girl, front"。然后单击"生成"，就可以得到一张脸部、发型特征与原图差不多的新图像，如图 7-99 所示。

图 7-99　Reference 模型的生成效果

7.13　Tag 自动填充

Tag 自动填充是指在输入提示词时，系统会根据已有的标签或提示词列表来自动匹配并补齐用户输入。这可以帮助用户更快速、准确地选择适当的提示词，避免输入错误或遗漏关键信息，如图 7-100 所示。

图 7-100　Tag 自动填充示例

在 Tag 自动填充功能中有一个双语对照翻译插件，安装这个插件之后，我们输入中文关键字时也能实现 Tag 自动填充。

1. 安装 Tag 自动填充插件

首先找到界面中的"扩展"；单击"从网址安装"；在"拓展的 git 仓库网址"

处输入网址 https://github.com/DominikDoom/a1111-sd-webui-tagcomplete.git，并在"本地目录名"处输入 tag-autocomplete；单击"安装"，如图 7-101 所示。

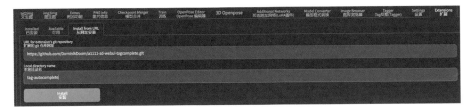

图 7-101　安装 Tag 自动填充插件（1）

该插件安装完成后，单击"保存设置"和"重启 WebUI"，如图 7-102 所示。

图 7-102　安装 Tag 自动填充插件（2）

重启后，单击主界面中的"设置"，可以看到在对应菜单中自动添加了一个"Tag 自动填充"选项。选中该项，右侧会展示更多关于 Tag 自动填充的参数内容，如图 7-103 所示。

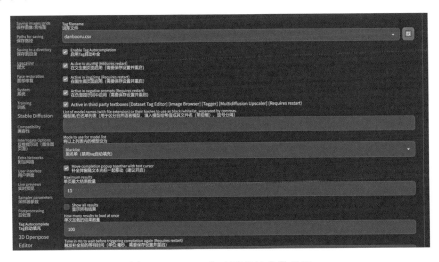

图 7-103　Tag 自动填充的参数设置

2. 中文 Tag 自动填充设置

如何实现输入中文关键字也能进行 Tag 自动填充呢？首先准备好中英对照翻译词文件，将其放在 stable diffusion 根目录下的 extensions 文件内，如图 7-104 所示。

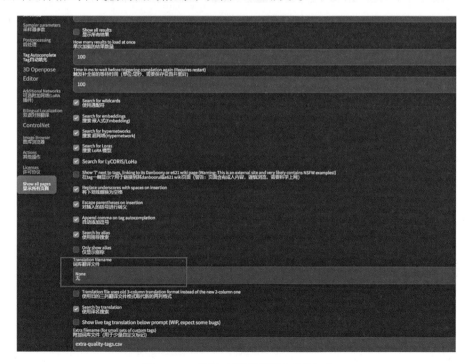

图 7-104　准备中英对照翻译词文件

单击"设置"，进一步选择"重启 WebUI"。重启后，在主界面再选择"设置"，并且在其中"Tag 自动填充"的参数设置中找到"词库翻译文件"，如图 7-105 所示。选择我们准备好的中英对照翻译词文件，并选择"使用旧的三列翻译文件格式取代新的两列格式"，如图 7-106 所示。

图 7-105　设置"词库翻译文件"（1）

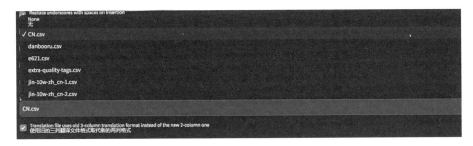

图 7-106　设置"词库翻译文件"（2）

完成词库设置后，再次选择"保存设置"，并单击"重启 WebUI"。重新回到主界面，找到提示词文本框，输入中文关键字试一下。可以看到弹出了对应的 Tag 自动填充的列表，如图 7-107 所示，成功实现了在输入中文关键字时也能使用 Tag 自动填充功能的目标。

图 7-107　中文 Tag 自动填充

第 8 章

Stable Diffusion 的商业化应用

8.1 游戏行业的应用

在游戏行业，AI 绘画工具的应用正变得越来越常见，并且 AI 工具在多个方面提高了创造性和效率。以下是几个常见的应用领域。

- 角色多视图设计：传统上，游戏开发人员需要手动绘制游戏角色的各个视图，例如正面、侧面、背面等，以实现动画效果。使用 AI 绘画技术可以通过学习现有的角色设计和动画数据，自动完成这些多视图设计，从而减少烦琐的手工绘制工作。
- 游戏原画生成：游戏原画需要呈现独特而精美的视觉效果来吸引玩家。AI 绘画工具可以通过学习大量现有的游戏原画作品，完成新的原画设计，为游戏提供独特的艺术风格和创意。
- 游戏图标设计：游戏图标是游戏在应用商店和游戏界面中的重要元素之一。AI 绘画工具可以根据游戏的主题和风格，自动生成符合要求的游戏图标，从而节省设计师手动绘制的时间和精力。

综上所述，AI 绘画工具为游戏开发提供了创造性，实现了效率和设计感的增强。它不仅可以加快开发流程，减少人工劳动，还能够生成独特而精美的游戏视觉内容，提升玩家的游戏体验。

8.1.1 写实角色的多视图设计

游戏角色多视图指的是为游戏角色提供多个不同视角的形象。在游戏中，角色的多视图通常包括正面视图、侧面视图、背面视图、面部特写视图等多个角度的展示。这样设计的目的是让玩家能够从多个角度观察和了解角色的外观特征、动作表现和个性特点。

下面来看一个写实风格的游戏人物角色的多视图设计案例。

打开 ControlNet，插入多视图的骨架图（可以在网上搜索并下载，或者利用 OpenPose 获取），如图 8-1 所示。

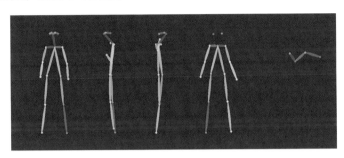

图 8-1　插入骨架图

选择"启用"复选框，对预处理器选择"none"，并选择 OpenPose 模型，如图 8-2 所示。

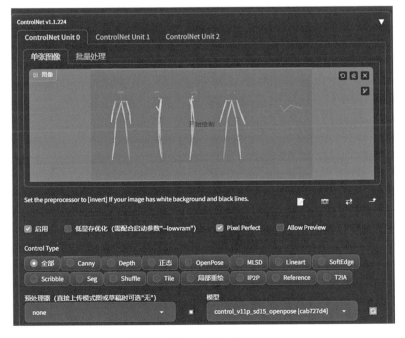

图 8-2　ControlNet 设置（1）

单击如图 8-3 所示的图标，将生成图片设置为与骨架图一样的尺寸。

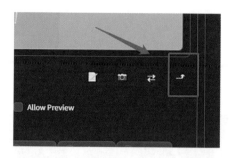

图 8-3　设置生成图片的尺寸

其他参数设置如图 8-4 所示。

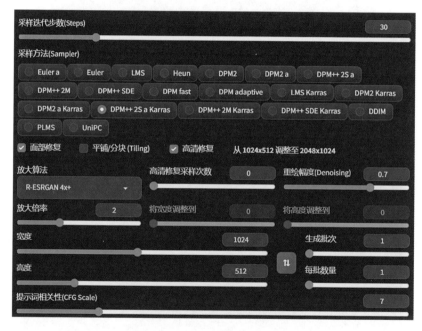

图 8-4　ControlNet 设置（2）

- 采样迭代步数：30。
- 采样方法：DPM++ 2S a Karras。
- 模型：majicmixRealistic_v5。
- 正向提示词：masterpiece, best quality, (simple background, white background:1.5), ((multiple views)), get a front and back view。

- 反向提示词：bad-artist, bad-artist-anime, bad_prompt_version2, badhandv4, easynegative, ng_deepnegative_v1_75t（此为 Embedding 模型，直接在 C 站搜索下载即可）。
- 勾选"面部修复"和"高清修复"复选框，在"放大算法"选项下选择 R-ESRGAN 4x+，将重绘幅度设置为 0.7，将放大倍率设置为 2。

完成设置后单击"生成"按钮，得到图 8-5。

图 8-5　写实角色的多视图设计的生成效果

8.1.2　二次元角色的多视图设计

下面再看一个二次元游戏角色的多视图设计案例。

打开 ControlNet，插入多视图的骨架图，如图 8-6 所示。

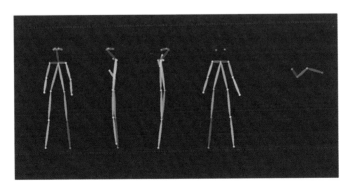

图 8-6　插入骨架图

其设置与设计写实角色时的设置相似。选择"启用"复选框，对"预处理器"

选择"none"，选择 OpenPose 模型，并且进行生成图片尺寸的设置等。具体的参数设置如图 8-7 所示。

图 8-7　参数设置

不同的设置主要如下。
- 模型：Anything-v3。
- 采样方法：DPM++ 2M Karras。

使用与上一案例中相同的正向提示词和反向提示词。完成设置后单击"生成"按钮，得到图 8-8。

图 8-8　二次元角色的多视图设计的生成效果

8.1.3　游戏原画生成

根据百度百科，原画是指动画创作中一个场景动作之起始与终点的画面，以线条稿的模式画在纸上。而游戏原画特指以游戏的内容进行计算机二维创作绘画或手绘制作，并以绘制的设计为基础在后期工序中用三维软件创建虚拟实体化，在编程人员努力后，最终成为游戏的一部分。

简单来说，原画指的是最初的绘制作品，通常是创作的起点和参考，如图 8-9 所示。它既可以是手绘的草图、绘画或数字绘画，也可以是使用计算机生成的图像或 3D 渲染图像。原画的主要目的是捕捉创意和表达想法，为后续的创作奠定基础。在游戏开发中，原画可以包括角色设计、场景布局、道具概念等，用于帮助团队理解和沟通创意，并最终转化为游戏中的可视化元素。原画在游戏开发和其他艺术创作领域中具有重要的作用，标志着创作的起点和框架，能展示创作者的想法和风格。

图 8-9　原画示例

假设我们要做一款含有怪兽角色的游戏，因而需要制作一些原画概念稿来表达自己的想法，并用于内部沟通。此时，我们可以通过文生图的方式来生成原画。

首先我们需要下载 ReV Animated 模型。可以在 C 站直接搜索 "ReV Animated" 进行下载，如图 8-10 所示。

在 ReV Animated 模型下载后进行如图 8-11 所示的参数设置，并设置相关提示词。

- 正向提示词：(ultra-detailed), (masterpiece), (RAW photo), best quality, realistic, photorealistic, extremely detailed, [big monster on alien planet], [flying city in background], [Robots], [spacecraft], Hyperrealistic, Hyperdetailed, analog style, soft lighting, subsurface scattering, heavy shadow, ultra realistic, 8k, golden ratio, Intricate, High Detail, film photography, soft focus。

- 反向提示词：bad-artist, bad-artist-anime, bad_prompt_version2, badhandv4, easynegative, EasyNegative_EasyNegative, ng_deepnegative_v1_75t。
- 尺寸：1024×512。
- 采样方法：DPM++ SDE Karras。
- 采样迭代步数：40。
- 提示词相关性：7。

图 8-10　下载 ReV Animated

图 8-11　参数设置

单击"生成"按钮即可得到原画，如图 8-12 所示。

图 8-12　原画生成效果

8.1.4　游戏图标设计

　　游戏行业中，常用 icon 的说法来代表图标。icon 是指代表游戏、应用程序或特定功能的小型图像或符号，通常用于游戏界面、菜单、任务栏或移动设备的应用程序中，如图 8-13 所示。

图 8-13　游戏 icon 示例

　　下面进行实际操作，设计一个游戏 icon。

　　打开 ControlNet 的 WebUI，选择 gameiconinstitute_v22 模型（可以在 C 站中搜索到），并进行如下提示词及参数设置。

- 正向提示词：Intricate magic ring made of flowers, cartoon, game icon (masterpiece)。
- 反向提示词：bad-artist, bad-artist-anime, bad_prompt_version2, badhandv4, easynegative, ng_deepnegative_v1_75t。
- 尺寸：512×512。

- 采样方法：DPM++ SDE Karras。
- 采样迭代步数：40。
- 提示词相关性：7。

单击"生成"按钮，得到图 8-14。

图 8-14　游戏 icon 设计效果

8.2　电商行业的应用

8.2.1　模特形象生成

假设我们要生成一个定制化的模特形象，要求如下，应该如何做呢？

- 场景：室内
- 视角：侧身
- 风格：现实风格
- 衣服：时尚
- 发型：长发

对于上述要求，其中场景、视角、衣服、发型都可以通过 Stable Diffusion 采用文生图的方式得到，而对于风格上的要求，我们可以尝试使用大模型来实现。

打开 WebUI，选择 majicmixRealistic_v5 模型，并进行如下参数设置。

- 输入提示词：best quality, masterpiece, ultra high res, photorealistic, 8k, 1 Girl, Long hair, fashionable clothing, side to side, indoors。
- 反向提示词：bad-artist, bad-artist-anime, bad_prompt_version2, badhandv4, easynegative, ng_deepnegative_v1_75t, many hands。
- 尺寸：512×800。
- 采样方法：DPM++ 2M Karras。

- 采样迭代步数：40。
- 提示词相关性：7。

单击"生成"按钮，得到图 8-15。

8.2.2　指定模特面部特征

根据业务需要，我们有时会对已有的模特图进行修改。这次我们来尝试修改模特的面部特征，并保持其他特征不变。这就要用到图生图的局部重绘功能了。

首先准备一张模特的图片，如图 8-16 所示。

图 8-15　模特形象生成效果

图 8-16　原图

将原图导入图生图功能界面的"局部重绘"中，用蒙版覆盖脸部，如图 8-17 所示。

选择 majicmixRealistic_v5 模型，并进行如下提示词及参数设置。

- 正向提示词：(Happy face), (beautiful face), girl, big eyes, (photorealistic:1.4), 8k, (masterpiece), best quality, highest quality, (detailed face:1.5), original, highres, unparalleled masterpiece, ultra realistic 8k, perfect artwork, ((perfect female figure))。
- 反向提示词：bad-artist, bad-artist-anime, bad_prompt_version2, badhandv4, easynegative, ng_deepnegative_v1_75t。
- 蒙版边缘模糊度：25。
- 蒙版模式：重绘非蒙版内容。
- 蒙版区域内容处理：原图。

图 8-17   导入原图并加上蒙版

- 重绘区域：整张图片。
- 仅蒙版区域下边缘预留像素：40。
- 迭代步数：30。
- 采样方法：Euler a。
- 选中"面部修复"项。
- 重绘尺寸：512×912。
- 提示词引导系数：也叫提示词相关性，设为7。
- 重绘幅度：0.75。

经过这一系列设置后，单击"生成"按钮，得到图 8-18。

图 8-18   指定面部特征的模特生成效果

8.2.3   AI 图片高清放大

高清放大是指将低分辨率的图像放大到更高分辨率，并尽可能保留甚至增加图像的细节，提高图像的清晰度。与传统的放大方法不同，运用 AI 技术实现图片高清放大，不会引起图像的模糊、失真和像素化等问题，利用深度学习模型和图像重建算法可以更精确地增强图像的细节丰富度和清晰度。

AI 图片高清放大的功能是由经过大规模图像数据集训练的深度学习模型实现的。这些模型通过学习图像的特征和纹理，能够预测图像在提高分辨率时需要补充的细节。当应用于低分辨率图像时，该模型能够分析图像的内容，并智能地进行重建、填充细节，最终提高图像的清晰度。

借助 AI 图片高清放大的功能，我们来将图 8-19 中模糊的运动鞋图片变清晰。

首先，打开 WebUI，进入"附加功能"模块，如图 8-20 所示。

图 8-19　模糊的原图

图 8-20　使用附加功能

然后，上传模糊的原图，如图 8-21 所示。

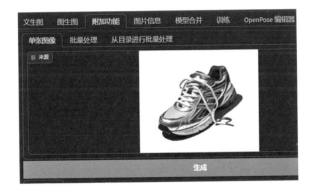

图 8-21　上传模糊的原图

接着，在"Upscaler 1"处选择 R-ESRGAN 4x+ 选项，如图 8-22 所示。

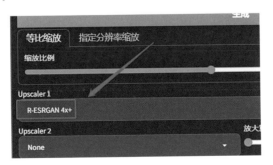

图 8-22　设置 Upscaler 1

最后，单击"生成"按钮得到新图，可以看到鞋子变得清晰了。新图与原图相比，各尺寸像素提升了 16 倍，由 1024×1024 变成了 4096×4096，如图 8-23 所示。

8.3 插画行业的应用

AI 技术在插画和设计行业中的应用越来越广泛，为插画师和设计师们带来了创新和效率的提升。常见的应用场景如下。

图 8-23   清晰的新图

- 创意灵感和设计辅助：AI 绘画工具可以通过学习大量的插画、平面设计作品及其艺术风格，为创意工作者们提供丰富的创意灵感和设计辅助。AI 模型可以分析和识别不同的图案、色彩和构图元素，并生成新的设计概念，帮助用户探索新的创作方向。

- 快速草图和初稿生成：AI 绘画工具可以帮助用户快速生成设计或绘画的草图和初稿。通过输入简单的文字描述或示意图，AI 绘画工具可以自动生成草图，为插画师和设计师提供参考与修改的基础。这大大加快了用户的创作过程，为其减轻了任务压力。

- 自动着色和纹理生成：AI 绘画工具可以自动为作品着色和提供纹理效果。它可以根据作品的主题和风格，智能地为线稿添加适当的色彩和纹理，从而使作品更加生动、细腻和有趣。这为用户提供了更多的创作选择。

- 风格转换和模仿：AI 绘画技术可以模仿和转换不同的艺术风格。创意工作者们可以借助 AI 工具将自己的作品转换为其他创作者的风格，或者让 AI 模型学习不同的艺术风格以生成符合特定风格的作品。这为其拓宽了创作范围，使他们能够探索多样化的风格和表达方式。

- 数字画廊和市场推广：AI 绘画技术可以帮助创意工作者们在数字画廊和市场推广中提供高质量的画作。通过智能的生成和编辑工具，插画师和设计师可以轻松创建吸引人的作品，并在在线平台上展示和销售。这为其提供了更广泛的曝光和更多的商业机会。

总的来说，AI 绘画技术在插画、设计行业的应用为插画师、设计师们提供了更多的创作工具和可能性。AI 绘画工具虽然在一定程度上可以自动化完成插画的创作过程，但主要是作为用户的辅助工具来发挥作用，帮助他们提升创作效率、拓宽创作领域，并激发更多的创意和想象力。

8.3.1　线稿生成

首先准备一张写实风格的人物图片，其尺寸最好是 512×512 的，如图 8-24 所示。

打开 WebUI，选择 majicmixRealistic_v5 模型，并在 C 站提前下载线稿风格的 LoRA 模型，如图 8-25 所示。

提示词及参数设置如下所示。

- 正向提示词：line art:1.1, a line drawing, line work, monochrome, white background, <lora:animeoutlineV4_16:1>。
- 反向提示词：bad-artist, bad-artist-anime, bad prompt version2, badhandv4, easynegative, ng deepnegative v1 75t。
- 迭代步数：30。
- 采样方法：DPM++ 2M karras。
- 尺寸：512×512。
- 提示词相关性：7。

图 8-24　准备原图

图 8-25　下载线稿风格的 LoRA 模型

在文生图界面下方找到 ControlNet，导入该写实风格的人物图片，如图 8-26 所示。

图 8-26　导入原图

进行 ControlNet 设置，如下。

- 单击"启用"。
- 预处理器：lineart_realistic。
- 模型：control_v11p_sd15_lineart[43d4be0d]。
- Preprocessor Resolution：512。
- Control Mode：均衡。

单击"生成"，得到图 8-27。

8.3.2　线稿上色

线稿上色是 AI 工具在插画领域的一个重要应用。插画师利用 AI 工具可以快速对线稿进行上色。在过程中，插画师只需提供线稿，然后使用 AI 工具自动填充颜色，减轻了手动上色的工作量。

线稿人物上色的案例如下。

首先，准备一张人物线稿图，如图 8-28 所示。

图 8-27　线稿风格的人物图片生成效果

然后，在导航栏找到"Tag 反推（Tagger）"功能，进入该功能界面，将图片导入并生成提示词，如图 8-29 所示。

图 8-28　人物线稿图

图 8-29　Tag 反推得到提示词

将与"线稿""黑白"和"灰色"相关的提示词从上面生成的提示词中剔除，将剩下的提示词输入文生图界面的提示栏中。

- 正向提示词：1girl, hat, looking at viewer, parted lips, jewelry, earrings, white background, collarbone, simple background, bangs, choker, upper body, hair bow, bow, beret, shirt, portrait, short hair。
- 反向提示词：bad-artist, bad-artist-anime, bad prompt version2, badhandv4, easynegative, ng deepnegative v1 75t。

参数设置如下所示。

- 模型：AWPainting_v1.0。
- 迭代步数：30。
- 采样方法：DPM++ 2M karras。
- 尺寸：512×512。
- 提示词相关性：7。

接着，找到 ControlNet，在此处插入人物线稿图片，如图 8-30 所示。

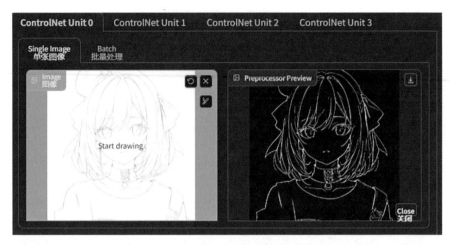

图 8-30　导入原图

ControlNet 的参数设置，如图 8-31 所示。

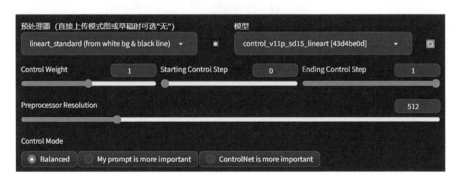

图 8-31　ControlNet 参数设置

- 单击"启用"。
- 预处理器：lineart_standard。
- 模型：control_v11p_sd15_lineart
  [43d4be0d]。
- Preprocessor Resolution：512。
- Control Mode：Balanced。

单击"生成"，得到图 8-32。

图 8-32　草稿上色效果

8.3.3　图书插图生成

我们以下面这段小说文字为例，为其中的主人公"小文"生成一幅单人插图。

"在夜晚的街道上，小文独自站立着，思绪回荡在她的人生之中。她凝视着城市的喧嚣，同时回忆起过去的岁月。那是她在家乡的夜晚，与家人一同注视着皎洁的月亮。当时，她还只是一个年幼的小女孩，却常常沉醉在月光下，幻想着未来的美好。如今，她已经长大，踏上了这座城市的土地。每当夜幕降临，她都会来到这条街道，凝视着那天空中洁白的明月。这一刻，成为她生命中最美好的时光之一。"

打开 WebUI，选择 AWPainting_v1.0 模型，提示词及参数设置如下所示。

- 正向提示词：1girl, evening, moon, night view, alone, overlooking perspective, back shadow, white hair。
- 反向提示词：lowres, bad anatomy, ((bad hands)), (worst quality:2), (low quality:2), (normal quality:2), lowres, bad anatomy, bad hands, text, error, missing fingers, high saturation, high contrast。
- 迭代步数：30。
- 采样方法：DPM++ 2M karras。
- 尺寸：1024×512。
- 提示词相关性：7。

单击"生成"，得到图 8-33。

图 8-33　文字插图生成效果

8.3.4　图画扩充

利用图画扩充功能，我们可以在现有图像的基础上生成更多的内容，从而扩展图像的尺寸。这项功能允许我们以原始图像边缘的一部分内容作为基础条件，生成更大尺寸的图像，同时保持原图的构图、风格和色彩不变。这种功能在许多应用场景中都非常有用，通过不断重绘和调整参数，我们可以使生成的图片更加满足个性化需求、更符合期望效果。

插画师不仅可以借此功能获得更丰富的灵感和更大的创作空间，还方便后期进行图像的尺寸调整。例如，可以将只包含人物上半身的图像扩展为全身图像，或者将竖向图像扩展为横向图像。下面我们来实际操作。

首先，准备一张尺寸为 512×512 的动漫场景图片，如图 8-34 所示。

图 8-34   准备原图

然后，打开 WebUI，选择 AWPainting_v1.0 模型，进入图生图界面。

进行提示词设置，如下。

- 提示词：outdoors, scenery, tree, no humans, sky, cloud, house, day, rock, mountain, grass, water, building, river, blue sky, reflection, architecture, bridge, pond, east asian architecture, cloudy sky。
- 反向提示词：bad-artist, bad-artist-anime, bad_prompt_version2, badhandv4, easynegative, ng_deepnegative_v1_75t。

导入图片，如图 8-35 所示。

图 8-35　导入原图

进行参数设置，如图 8-36 所示。

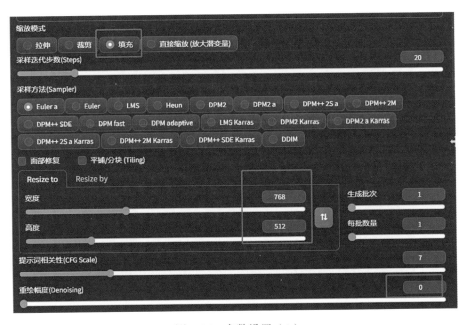

图 8-36　参数设置（1）

- 缩放模式：填充。
- 重绘尺寸：768×512。
- 重绘幅度：0。

最后，单击"生成"，得到图 8-37。

图 8-37　初步扩充的图片

接下来对初步扩充的图片进行局部重绘。把生成的图片拖入图生图界面，选择局部重绘。用鼠标涂抹需要重新绘制的区域，如图 8-38 所示。

图 8-38　对初步扩充的图片进行局部重绘

参数设置如图 8-39 所示。

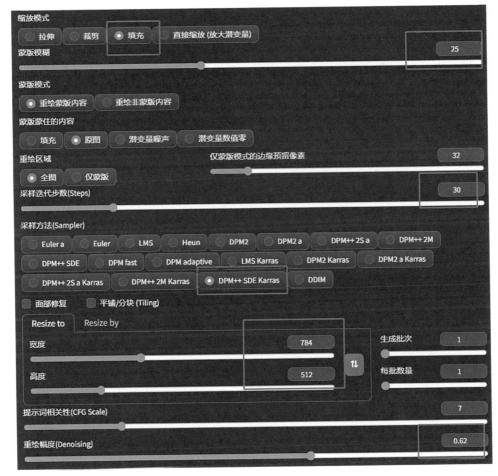

图 8-39　参数设置（2）

- 蒙版模糊：25。
- 蒙版模式：重绘蒙版内容。
- 重绘幅度：0.62。
- 采样迭代步数：30。
- 采样方法：DPM++ SDE Karras。

单击"生成"，可以看到最终的图画扩充效果，如图 8-40 所示。

图 8-40　最终的图画扩充效果

8.4　建筑行业的应用

AI 技术在建筑设计领域扮演着重要的角色。将 AI 技术和图像处理进行结合，能够为建筑设计师提供丰富的工具和资源，从而优化设计流程、提高生产效率，并产生创新的设计理念。

一方面，AI 绘画技术可以满足室内设计、建筑鸟瞰、建筑人视、规划和景观等各种实际工作场景的需求。它能够准确捕捉图像的细节和氛围，并辨识出其中的需求和限制。通过分析这些信息，AI 工具能够更好地理解设计要求，并能够快速生成各种类型的图像，包括平面图、方案图和效果图等。这为设计师们提供了更多的创作空间和灵感来源。

另一方面，AI 绘画技术还可以利用大量的建筑数据和设计知识进行自动化的设计生成和优化。通过深度学习和算法技术，AI 模型可以分析建筑设计的规律和趋势，并生成符合要求的设计方案。这种自动化设计过程可以帮助设计师节省时间和精力，并提供多样化的设计选择。

然而，尽管 AI 绘画技术在建筑设计领域中具有许多优势，但也面临一些挑战。例如，AI 工具生成的设计可能缺乏创造力和独特性，需要设计师进一步调整和优化。此外，AI 技术的应用还需要解决数据隐私和伦理问题，以及确保设计过程的透明性和可信度。

总的来说，AI 绘画技术在建筑设计领域中的应用促进了设计的创新和优化。建筑设计师在充分发挥 AI 技术优势的基础上，结合自身的创造力，可以实现更高效、更灵活和更出色的建筑设计方案。

下面我们来探索下如何利用 AI 的能力来辅助建筑设计。

8.4.1　无线稿的室内设计

打开 WebUI，选择 majicmixRealistic_v5 模型，提示词设置如下。

- 正向提示词：no humans, flower, curtains, scenery, vase, bed, lamp, chair, table, window, indoors, bedroom, wooden floor, sunlight, pillow, rose, carpet, painting (object), book, clock, day, shade, plant, flower pot。
- 反向提示词：bad-artist, bad-artist-anime, bad_prompt_version2, badhandv4, easynegative, ng_deepnegative_v1_75t。

参数设置如图 8-41 所示。

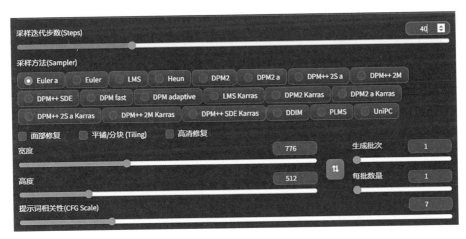

图 8-41　参数设置

- 尺寸：776×512。
- 采样方法：Euler a。
- 采样迭代步数：40。
- 提示词相关性：7。

单击"生成"，得到图 8-42。

8.4.2　室内设计线稿生成

本节我们利用 Stable Diffusion 直接生成室内设计的线稿图。对于该需求，我们不妨直接采用文生图的方式，快速生成多幅线稿图，一方面设计师可以从中吸收灵感，另一方面有助于提升工作效率。

图 8-42   无线稿的室内设计图生成效果

假设要生成一张客厅的线稿图。我们在 WebUI 选择 majicmixRealistic_v5 模型，进行如下所示的提示词设置。

- 正向提示词：line art:1.1, a line drawing, line work, monochrome, 1 living room <lora:animeLineartMangaLike_v30MangaLike:1>。
- 反向提示词：bad-artist, bad-artist-anime, bad_prompt_version2, badhandv4, easynegative, ng_deepnegative_v1_75t。

参数设置如图 8-43 所示。

图 8-43   参数设置

- 尺寸选择：776×512。
- 采样方法：Euler a。

- 采样迭代步数：40。
- 提示词相关性：7。

单击"生成"，得到图 8-44。

图 8-44　室内设计线稿生成效果

8.4.3　室内设计线稿上色

上一节我们已经生成了线稿，但是该图还未上色。那么，要对上面得到的现成的室内设计线稿进行快速生成上色后，以获得完成度更高的效果图，需要进行哪些操作呢？

此时可以调用 ControlNet 来辅助实现该需求。

首先打开 Stable Diffusion WebUI，进入文生图模块，并且选择 majicmixRealistic_v5 模型，提示词设置如下。

- 正向提示词：no humans, living room。
- 反向提示词：bad-artist, bad-artist-anime, bad_prompt_version2, badhandv4, easynegative, ng_deepnegative_v1_75t。

参数设置如图 8-45 所示。

- 迭代步数：40。
- 采样方法：Euler a。
- 尺寸：768×512。
- 提示词相关性：7。

图 8-45　参数设置

　　然后找到 ControlNet，在其界面插入室内设计线稿。单击"启用"，将预处理器选择为 MLSD，并且选择 control_v11p_sd15_mlsd 模型，如图 8-46 所示。

图 8-46　ControlNet 参数设置

　　单击"生成"，得到图 8-47。

图 8-47　室内设计线稿上色效果

8.4.4　建筑线稿生成

Stable Diffusion 除了可以应用于室内设计以外，还可以用于直接生成建筑设计的线稿图。对此，同样是基于文生图功能来迅速生成多幅线稿图。下面来实操一下。

在 WebUI 中选择 majicmixRealistic_v5 模型，设置提示词如下所示。

- 正向提示词：line art:1.1, a line drawing, line work, monochrome, 1 house, <lora:animeLineartMangaLike_v30MangaLike:1>。
- 反向提示词：bad-artist, bad-artist-anime, bad_prompt_version2, badhandv4, easynegative, ng_deepnegative_v1_75t。

参数设置如图 8-48 所示。

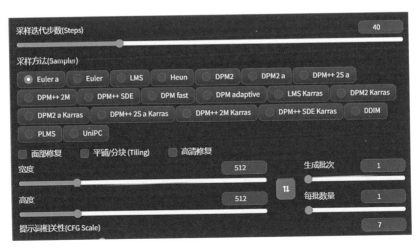

图 8-48　参数设置

- 尺寸选择：512×512。
- 采样方法：Euler a。
- 采样迭代步数：40。
- 提示词相关性：7。

单击"生成"，得到图 8-49。

图 8-49　建筑线稿生成效果

8.4.5　建筑线稿上色

如图 8-50 所示，假设我们需要根据这张单体建筑模型的线稿图生成一张上色后的建筑效果图，应该怎么操作呢？

首先，打开 Stable Diffusion WebUI，选择 xsarchitecturalv3com_v31 模型，设置提示词如下。

- 正向提示词：Tadao Ando's architectural style, modern house, outdoors, cloud, blue sky, masterpiece, best quality, revision, extremely detailed cg unity 8k wallpaper, realistic, photorealistic<lora:xsarchitectural:0.4>。
- 反向提示词：bad-artist, bad-artist-anime, bad_prompt_version2, badhandv4, easynegative, ng_deepnegative_v1_75t。

参数设置如图 8-51 所示。

- 迭代步数：40。

- 采样方法：Euler a。
- 尺寸：1440×832。
- 提示词相关性：7。

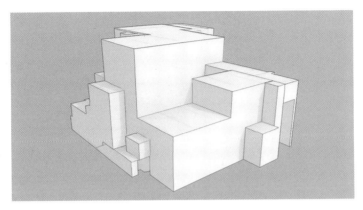

图 8-50　单体建筑模型线稿

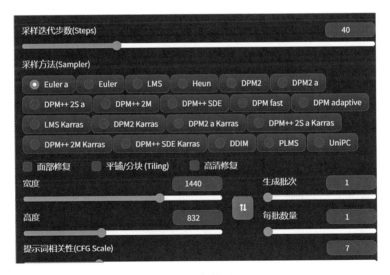

图 8-51　参数设置

　　然后，在文生图界面找到 ControlNet，在对应界面插入该模型线稿图，如图 8-52 所示。

　　单击"启用"，继续选择"Pixel Perfect"，然后将预处理器设置为 MLSD，选择 control_v11p sd15 mlsd [aca30ff0] 模型，将 Control Mode 调为"均衡"。

　　完成一系列设置后单击"生成"，得到图 8-53。

图 8-52　导入建筑模型线稿

图 8-53　建筑线稿上色效果

8.5　其他领域的应用

除上述行业外，AI 技术还可以应用于更多与绘画和图像相关的领域及场景中。比如旧照片修复、图片风格转换等。下面我们简要介绍下。

8.5.1　旧照片修复

随着时间的流逝，很多二十世纪八九十年代的旧照片都变得不清晰了，上面往往呈现破损的细节、不规则的折痕、大量的噪点等。对于旧照片修复，目前市场上有不同的软件和算法可以完成，用户往往可以在付费后进行一键操作，令工具自动修复旧照片，使其变得更加清晰。这项技术及相应工具目前在用户中很受欢迎。

对于现有的旧照片，我们也可以使用 Stable Diffusion 的附加功能来进行修复，下面举例说明。

首先，选择待修复的旧照片（本书中使用 AI 生成图像作为示例），将其放入后期处理图片区，如图 8-54 所示。

图 8-54　导入旧照片

然后，根据实际情况调整 GFPGAN 和 CodeFormer 的相关参数，如图 8-55 所示。

图 8-55　算法参数设置

- Upscaler 1：ScuNET，表示模糊扩大。
- Upscaler 2：BSRGAN，表示边缘锐化。
- 放大算法 2（Upscaler 2）可见度：0.8。

单击"生成"，得到图 8-56。

8.5.2　图片风格转换

利用 Stable Diffusion，我们可以轻松地将图片转换成多种风格。这个功能应用最广泛的领域是定制插画头像。当下的年轻人对个性化头像有很大的需求，会要求插画师根据本人的照片绘制成偏爱的风格，如二次元风格、像素风格、动画风格等。

图 8-56　旧照片修复效果

我们尝试以一个写实风格的女孩图像为例，如图 8-57 所示，将其转换成二次元风格，同时尽量保留原图的轮廓、细节，对颜色、构图不做过多的修改。

首先，打开 WebUI，选择 AWPainting_v1.0 模型，进行如下所示的提示词设置。

- 正向提示词：masterpiece, ultra high res, high quality, 4k, (photorealistic:1.2), photo, a beautiful girl。
- 反向提示词：bad-artist, bad-artist-anime, bad_prompt_version2, badhandv4, easynegative, ng_deepnegative_v1_75t。

参数设置如图 8-58 所示。

- 迭代步数：30。
- 采样方法：DPM++ SDE karras。
- 选中"面部修复"项。
- 尺寸：512×512。
- 提示词相关性：7。

图 8-57　准备原图

然后，将原图导入 ControlNet，选择 Canny 模型，如图 8-59 所示。

单击"生成"，我们得到了一张二次元风格的图片，如图 8-60 所示。

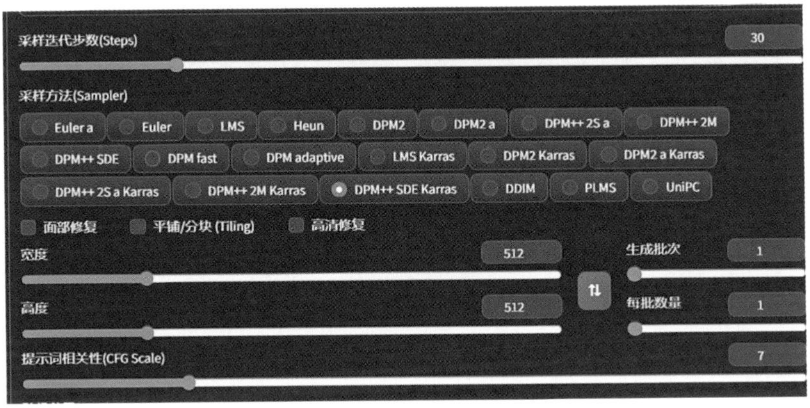

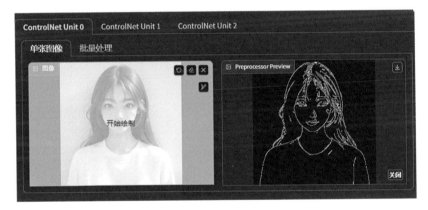

图 8-58　参数设置

图 8-59　将原图导入 ControlNet

图 8-60　写实风格图片转换为二次元风格的效果

第 9 章

AI 绘画工具扩展：Midjourney

9.1 Midjourney 基础知识

Midjourney 和 Stable Diffusion 作为第一批 AI 绘画软件的代表，几乎收获了全球用户的目光。它们凭借在功能上的突出表现，引起了广泛的关注和热议。

其中 Midjourney 通过富有创意和探索性的功能引起了创作者和设计师们的广泛兴趣。这款软件能够以创造性的方式生成富有想象力和独特风格的艺术作品。用户对该软件无论是提供简单的草图、文字描述还是其他形式的输入信息，Midjourney 都能够将这些输入转化为令人惊叹的图像。它为创作者们提供了一个全新的创作工具和灵感来源，激发了他们发展新颖的艺术风格和独特的创意表达方式。

Midjourney 的优势主要有如下几点。

（1）算力云端化

Midjourney 并没有独立的应用，而是运行在 Discord 服务器当中。Midjourney 的使用方法也非常简单，只需要输入命令提示符，就可以生成对应的高品质图像。

（2）模型维护更集中

Midjourney 采用集中式模型维护方案，这使得软件上模型的更新和改进更加便捷。通过集中式模型维护，Midjourney 可以更好地控制模型的质量和一致性，确保用户获得更加稳定和高效的使用体验。

（3）界面简便易用

Midjourney 的界面设计简洁、易用，用户可以轻松地理解和操作。无论是创建旅程、分享旅程、查看旅程还是参与旅程，用户都可以通过简单的操作动作来完成。这种简便的界面设计使用户可以更加专注于内容和体验，而不必花费过多时间和精力在学习如何使用工具上。

（4）社交属性

Midjourney 具有较强的社交属性，它为用户提供了一个互动和分享的平台。用户可以在 Midjourney 上创建和参与旅程，与其他用户交流和互动，分享自己的经验和故事。这种社交属性使用户可以更加深入地了解其他用户的生活和文化，同时可以将自己的独特经历分享给更多人。

9.2　软件注册

根据 Midjourney 的官方指南，如图 9-1 所示，我们可以通过 Discord 来注册 Midjourney。

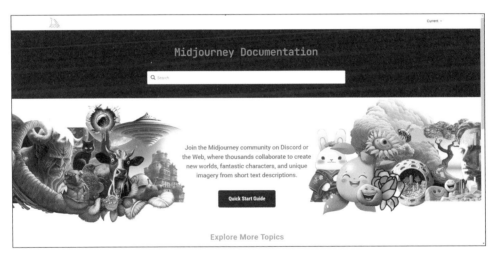

图 9-1　Midjourney 官方提示

下面来具体实践一下。

9.2.1　注册 Discord

1）登录 Discord 官网 https://discord.com/，如图 9-2 所示。

2）选择"在浏览器中打开 Discord"。

3）输入要注册的用户名。

图 9-2　Discord 官网

4）进行人机验证。

5）填写出生信息。

6）选择服务器并自定义服务器信息，如图 9-3、图 9-4、图 9-5 所示。

图 9-3　创建服务器

7）认证账号，如图 9-6 所示，未进行验证则不能通过密码登录。

图 9-4　设置信息

图 9-5　自定义服务器

图 9-6　账号认证

经过以上步骤，即可完成注册。

9.2.2　添加 Midjourney 服务器

1）如果你使用浏览器的话，请从 https://discord.com/login 进入 Discord 主界面，如图 9-7 所示。或者，你可以先下载 Discord 客户端，再进行登录。

图 9-7　进入 Discord 主界面

　　Discord 主界面分为服务器版块、频道版块、内容版块、按钮功能版块、个人设置版块等。其中，在服务器版块可以添加、删除、搜索、查看服务器；频道版块为当前选中服务器的频道。

　　2）单击服务器版块左侧菜单栏中的"＋"按钮，出现"创建服务器"弹窗，然后单击该弹窗中"加入服务器"按钮，如图 9-8 所示。

图 9-8　加入服务器

　　3）在弹出的对话框中输入邀请链接：https://discord.gg/Midjourney，继续单击"加入服务器"，从而添加 Midjourney 服务器，如图 9-9、图 9-10 所示。

图 9-9　输入邀请链接　　　　　　　图 9-10　添加 Midjourney 服务器

4）添加成功后，在频道版块中新增了 Midjourney 服务器的图标，如图 9-11 所示。

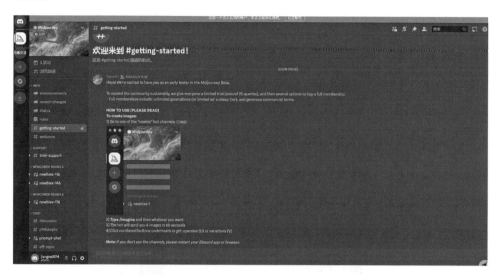

图 9-11　新增 Midjourney 服务器图标

9.2.3　接入 Midjourney Bot

1）进入新手频道。在频道版块找到以"new"为名称开头的新手频道，如图 9-12 所示。单击"进入"就可以在频道内与 Midjourney Bot（绘图机器人）对话。

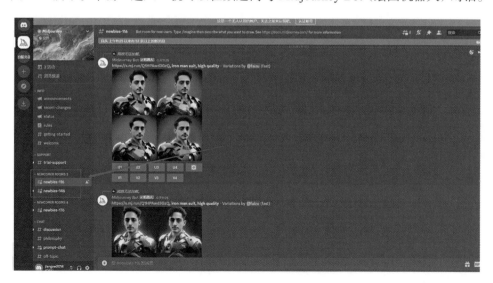

图 9-12　找到新手频道

2）将 Midjourney Bot 邀请到自己的频道。单击机器人的头像，然后单击"添加至服务器"按钮，如图 9-13 所示。

3）在"添加至服务器"下方的输入框中选择自己的服务器，如图 9-14 所示。

图 9-13　将 Midjourney Bot 添加至服务器　　　　图 9-14　选择自己的服务器

4）添加成功后，就可以在自己的频道与机器人对话了，如图 9-15 所示。

图 9-15　成功将 Midjourney Bot 添加至服务器

之后，我们可以通过相关命令与 Discord 上的 Midjourney Bot 交互，使其创建图像、更改默认设置、监视用户信息以及执行其他需要完成的任务。

9.3　图像生成方法

9.3.1　文生图

通过使用 /imagine 命令进行文生图的操作，可以利用简短的文本描述（即提示词）来生成一个独特的图像。

1）首先输入"/"，即可弹出以"/imagine"为开头的输入框，在其中输入描述图片的提示词，如图 9-16 所示。

图 9-16　输入提示词

2）我们以生成青蛙卡通图像为例。在上述弹出的提示词窗口填入相关提示词，如"Frog, cute, round, enhance, anthropomorphic, front view, back view, side view, anime style, behance, dribbble, Role design"，然后敲击回车键发送。

3）等待 AI 生成图像。Midjourney Bot 需要大约 1min 的时间来生成 4 个选项，如图 9-17 所示。

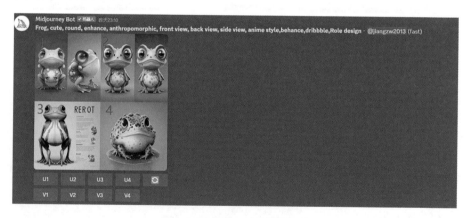

图 9-17　生成 4 个图像选项

并且可以看到在生成图像下方有两行按钮。

U1 U2 U3 U4

V1 V2 V3 V4

其中，U 序列按钮表示选中对应序号的图片，并对其进行放大和添加更多的细节；V 序列按钮表示根据选中图片的风格，生成另外 4 张整体风格相似、构图相似的新图。

1. Logo 设计案例

1）输入"/imagine prompt Line art logo of a owl, garden"。

2）敲击回车键，得到图 9-18，生成了 4 个 Logo。

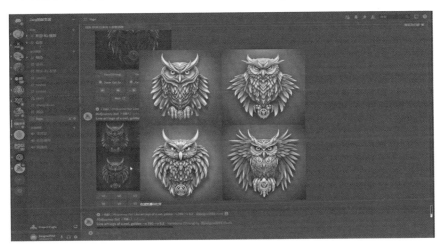

图 9-18　生成的 4 个 Logo

2. 产品包装设计案例

1）输入"/imagine prompt design a gin packaging, chinese style"。

2）敲击回车键，得到图 9-19，生成了 4 款产品包装。

图 9-19　生成的 4 款产品包装

9.3.2 图生图

如果给 Midjourney 提供单张或多张参考图，Midjourney 就可以融合参考图的特征，并结合文字描述来进行创作。

1）单击"上传文件"按钮，选择一张图片上传，如图 9-20 所示。

图 9-20　上传原图

2）右击打开命令菜单，复制该图片的链接，如图 9-21 所示。

图 9-21　复制图片链接

3）使用 /imagine 命令，输入"prompt 图片链接 + 提示词"，如图 9-22 所示。

图 9-22　输入"prompt 图片链接 + 提示词"

4）敲击回车键，生成结果如图 9-23 所示。

图 9-23　根据原图生成的 4 张新图

5）设置常用功能。输入 /settings 命令即可弹出设置信息，由此可以查看和调整 Midjourney Bot 的设置，如图 9-24、图 9-25 所示。

图 9-24　Midjourney Bot 设置（1）

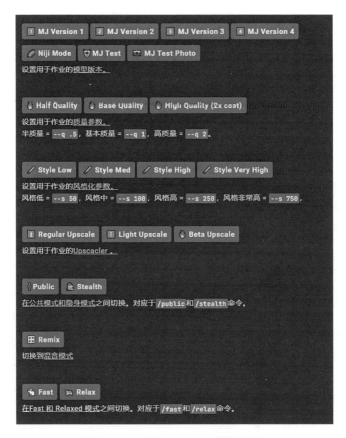

图 9-25　Midjourney Bot 设置（2）

Midjourney 和 Stable Diffusion 都是以文生图或图生图的方式进行图片生成的。Midjourney 在使用上相比于 Stable Diffusion 会更简单，直接通过跟机器人的对话就可以生成想要的图片，但 Stable Diffusion 相比于 Midjourney 更具有稳定性。并且，Stable Diffusion 的开源模式让更多用户对每月收费的 Midjourney 望而却步。两款软件都有各自的优劣势，用户可以根据需要进行学习，以使自己的创作更具有艺术性和创造性。